国家中职示范校机电类专业
优质核心专业课程系列教材

〇一二基地高级技工学校
陕西航空技师学院　国家中职示范校建设项目

MUJULINGJIANDEQIANJIAGONG

模具零件的钳加工

◎ 主　编　毛立斌
◎ 副主编　何忍事
◎ 主　审　黄　冰

西安交通大学出版社
XI'AN JIAOTONG UNIVERSITY PRESS

内容提要

本书介绍模具零件的钳加工，内容涉及的有钳工基本工具和量具的使用、四方板的加工、长方体的加工、小锤子的制作、正六边形的制作、V形块及凹凸配件的制作。全书共分七个项目：项目一主要认识新的学习和工作环境等；项目二主要讲解四方板的制作，如划线、锯削等；项目三介绍长方体的制作，包括锉削加工等；项目四主要介绍小锤子的制作，着重讲述孔的加工等；项目五主要介绍正六边形的制作，主要讲解万能分度头的使用；项目六主要介绍V形块的制作，主要讲述錾削、刮削、研磨等基本操作；项目七主要介绍凹凸件的锉配，主要讲解螺纹加工的基础知识。

本书内容密切联系生产实际，适用于中等职业学校钳工专业及模具制造专业的师生，也可供相关专业工程技术人员参考。

图书在版编目（CIP）数据

模具零件的钳加工/ 毛立斌主编.—西安：西安交通大学出版社，2013.12
ISBN 978-7-5605-5496-9

Ⅰ.①模… Ⅱ.①毛… Ⅲ.① 模具—零部件—钳工
Ⅳ.①TG760.6

中国版本图书馆 CIP 数据核字（2013）第184341号

书　　名	模具零件的钳加工
主　　编	毛立斌
策划编辑	曹　昳
责任编辑	张　梁

出版发行　西安交通大学出版社
　　　　　（西安市兴庆南路10号　邮政编码710049）
网　　址　http://www.xjtupress.com
电　　话　（029）82668357　82667874（发行中心）
　　　　　（029）82668315　82669096（总编办）
传　　真　（029）82668280
印　　刷　陕西宝石兰印务有限责任公司
开　　本　880mm×1230mm　1/16　印张　9.25　字数　183千字
版次印次　2014年2月第1版　　2014年2月第1次印刷
书　　号　ISBN 978-7-5605-5496-9/TG·42
定　　价　22.80元

本书是根据中等职业技术学校的培养目标和教学要求，按照教学规律和学生的接受能力将教师到企业挂职培训期间同企业技术人员一起收集的典型工作任务转化为学习任务编写而成的，使课程突出职业导向，将具体的工作情境置于教学过程之中，相应的理论知识与实践操作相结合，以"教、学、做"紧密结合；教材中工作任务的开发以"校企合作"为基础，将企业的工作状态，充分而有效地呈现于教学过程之中。课程实施具有完整的工作过程：项目制定—相关知识—实施项目—检查控制—评价检查反馈。

在编写本书的过程中，我们始终坚持了以下几个原则：

（1）在教材内容定位上，坚持以就业为导向，贴近企业的原则，重视对学生实际操作技能的培养，以大量企业生产现状为例。

（2）在教材结构的构建上，坚持教学改革、为一体化教学服务的原则，采用以项目引领、任务驱动的编写思路，做到体例完整、以图代文、以表代文，增强教材的形象化。

（3）本教材中若干学习任务的内容有一定的连续性和互补性，内容结构安排既兼顾了企业的生产实际，又符合学生的学习规律，体现了专业理论知识和专业实践操作的科学、准确的结合。

（4）本教材的每个学习任务都在前一学习任务的基础上，有难度递增，有新知识、新技能。每个项目都能体现一个完整的工作过程，能达到对学生综合能力培养的目的。

在编写本书的过程中，我们得到了陕西航空技师学院的大力支持，在此致以诚挚的谢意。本书由毛立斌同志任主编，何忍事同志任副主编，黄冰同志主审。

本书是中职、技工院校教学改革课程建设的一次探索和尝试。限于编者的水平，书中难免存在缺点和不妥之处，恳请读者批评指正。

编者

2013年4

C目录
Contents

项目一

认识新的学习和工作环境

学习目标

（1）认识钳工的工作现场和工作过程，能说出钳工的工作场地和常用设备。

（2）能主动与工作人员有效沟通与合作，通过咨询说出钳工常用工具的名称和功能。

（3）认识钳工的工作特点和主要工作任务。

（4）认识工作环境的安全标志。

（5）能严格遵守安全规章制度，规范穿戴工装和劳动防护用品。

（6）能主动获取有效信息，展示工作成果，对学习与工作进行总结反思。

学习工作流程

任务1：参观钳工生产现场及钳工作品，进行现场认知。

任务2：知识点和技能点。

任务3：生产现场的安全知识。

任务4：工作总结与评价。

任务1 参观钳工生产现场及钳工作品，进行现场认知

学习目标

（1）认识钳工的工作现场和工作过程，能说出钳工的工作场地和常用设备。

（2）能主动与工作人员有效沟通与合作，通过咨询说出钳工常用工具的名称和功能。

任务2 知识点和技能点

学习目标

（1）参观钳工生产现场及钳工作品，进行专业认知。

（2）认识钳工的工作特点和主要工作任务。

钳工加工是手持工具对金属表面进行切削加工的一种方法，它在机械制造领域中有着举足轻重的地位。学生应该了解即将从事的钳工工作的工作内容。

一、钳工车间常用的设备

（1）钳工常用工具及量具如图1-2-1所示。

(a)固定式台虎钳   (b)回转式台虎钳

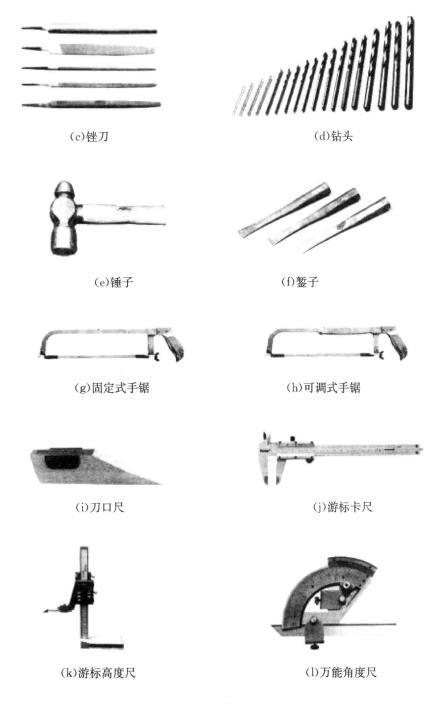

(c)锉刀　　　　　　　　　　　　　　(d)钻头

(e)锤子　　　　　　　　　　　　　　(f)錾子

(g)固定式手锯　　　　　　　　　　　(h)可调式手锯

(i)刀口尺　　　　　　　　　　　　　(j)游标卡尺

(k)游标高度尺　　　　　　　　　　　(l)万能角度尺

图1-2-1　钳工常用工具及量具

（2）钳工加工内容如图1-2-2所示。

(a)划线　　　　　　(b)錾削　　　　　　(c)锯削

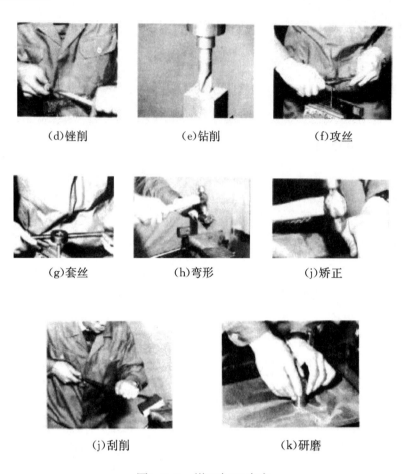

| (d)锉削 | (e)钻削 | (f)攻丝 |

| (g)套丝 | (h)弯形 | (j)矫正 |

| (j)刮削 | (k)研磨 |

图1-2-2　钳工加工内容

二、钳工的工作特点和分类

1. 钳工的工作特点

钳工工作具有所用工具简单、加工样式灵活、操作方便、适应面广等特点。

2. 钳工的分类

目前，我国《国家职业标准》将钳工划分为装配钳工、机修钳工和工具钳工三类。

（1）装配钳工：主要从事工件加工、机器设备的装配和调整等工作。

（2）机修钳工：主要从事机器设备的安装、调试和维修。

（3）工具钳工：主要从事工具、夹具、量具、辅具、模具、刀具的制造和修理。

尽管分工不同，但无论哪类钳工，都应当掌握扎实的专业知识，具备精湛的操作技术。

3. 钳工的工作内容

钳工的工作内容包括划线、錾削、锯削、锉削、钻孔、锪孔、扩孔、攻螺纹、套螺纹、刮削、研磨、装配与拆卸等。

4. 文明生产和安全生产

文明生产和安全生产是搞好工厂经营管理的重要内容之一，它直接涉及国家、工厂、个人的利益，影响着工厂的产品质量和经济效益，影响着设备的利用率和使用寿命，影响着工人的人身安全。因此，在生产车间等工作场所设置有醒目的标志，提醒员工正确着装并做好安全防护工作。请牢记图1-2-3中安全标志。

图1-2-3　安全标志

学习目标

（1）树立严格遵守安全规章制度的意识，能规范穿戴安全防护用品。

（2）能与他人合作，进行有效沟通。

钳工车间安全文明生产知识如下：

（1）操作前要穿紧身防护服，袖口扣紧，上衣下摆不能敞开，严禁戴手套，不得在开动的机床旁脱换衣服或围布于身上，防止被机器绞伤。必须戴好安全帽，辫子或长发放入帽内，不得穿裙子、拖鞋。

（2）錾削时，钳桌上要装防护网。

（3）锤子的木柄要装牢靠，不能松动或损坏，防止锤头脱落时飞出伤人。

（4）不可用手去清除锉刀上的切屑，以防刺伤手，也不能用手去摸已锉好的工件表面，以防引起生锈。

（5）锯条应安装得松紧适当。锯削时不可突然用力过猛，以防锯条折断后崩出伤人。

（6）用手锯锯工件时，当快要锯断时，用力要轻，以免突然锯断而碰伤手或锯条折断伤人。

（7）操作钻床时，严禁在机床开动状态下卸工件或检验工件。变换主轴转速时，必须在停机状态下进行。

（8）钻孔时，严禁戴手套。

（9）钻床停机时，应让其主轴自然停止，不可用手去刹住。

（10）刮削时，刮刀柄必须装牢。已裂开的刮刀柄必须及时更换。刮削时，要戴手套，防止刮刀滑出时工件边角擦伤手。

（11）刮削工件小孔的毛刺时，不允许一手拿工件，另一只手去刮毛刺，以免刮刀突然滑出刺伤手。

（12）清除切屑要使用刷子，不得直接用手或棉纱清除，也不可用嘴吹。对于长条形切屑，要用钩子钩断后再除去。

（13）量具使用完毕后，应擦干净，并在其工作面上涂油防锈。

（14）工作完毕后，所用设备和工具都要按要求进行清理和涂油，工作场地要清扫干净，铁屑、垃圾等要倒在指定位置。

认真学习钳工车间安全文明生产知识，并根据所学知识对图1-3-1中案例进行点评，指出哪些地方违反了安全规章制度，应怎样进行改进。

(a)案例1

(b)案例2

图1-3-1 案例

三级安全教育是指新入职员工的厂级安全教育、车间级安全教育和岗位（工段、班组）安全教育。它是新入职员工接受的第一次正规的安全教育，目的是使员工树立正确的安全观，积极投入到安全生产中去。按照三级安全教育的要求，新入厂员工必须进行安全教育考试，考试合格后方可上岗操作。

任务4 工作总结与评价

工作总结与评价如表1-4-1所示。

表1-4-1 工作总结与评价

项　目	自我评价 1～10 占总评10%	小组评价 1～10 占总评30%	教师评价 1～10 占总评60%
任务1			
任务2			
任务3			
任务4			
纪律			
表述			
态度			
小计			
工作过程：			

四方板的制作

学习目标

（1）了解并掌握普通碳素结构钢的牌号及用途。

（2）能在毛坯上利用划线工具描绘出加工界限。

（3）能安全使用常用工具（手锯）去除工件余料。

（4）能正确使用台虎钳夹紧工件。

（5）能正确按照图纸加工零件，并掌握锯削技能。

学习工作流程

任务1：接收工作任务，明确工作要求。

任务2：知识点和技能点。

任务3：正确制作四方板。

任务4：工作总结与评价。

任务1 接收工作任务，明确工作要求

学习目标

（1）能按照规定领取工作任务。

（2）能看懂四方板的图样。

一、学习工作任务

（1）到仓库领取100 mm×70 mm的板料；

（2）根据现场情况选用合适的工量具和设备；

（3）根据要求进行加工，交付检验；

（4）填写生产任务单，清理工作现场，完成工量具、设备的维护和保养。

二、四方板图样

四方板图样如图2-1-1所示。

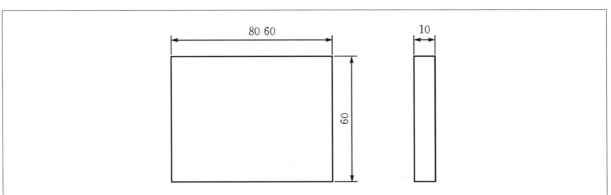

技术要求：

1.粗加工（锯削）。

2.锯削面不允许锉削。

名　称	材　料	比　例	件　数
四方板	Q235	1：1	1

图2-1-1　四方板图样

三、根据图样确定所需工具及量具

因为本工件为粗加工，所以涉及到毛坯加工余量较多，主要是以锯削为主，所需的工量具为手锯、划针、钢直尺、直角尺等。

四、领取任务单

按照规定从保管员处领取生产任务单并签字确认。生产任务单如下：

四方板生产任务单

单　　号：＿＿＿＿＿＿＿＿＿　　　　　　开单时间：＿＿＿年＿＿月＿＿日＿＿时

开单部门：＿＿＿＿＿＿＿＿＿　　　　　　开　单　人：＿＿＿＿＿＿＿＿＿

接单人：＿＿＿部＿＿组＿＿　　　　　　签　　名：＿＿＿＿＿＿＿＿＿

以下由开单人填写				
序　号	产品名称	材　料	数　量	技术标准、质量要求
1	四方板	Q235		按图纸要求
任务细则	（1）到仓库领取相应的材料； （2）根据现场情况选用合适的工量具和设备； （3）根据加工工艺进行加工，交付检验； （4）填写生产任务单，清理工作现场，完成工量具、设备的维护和保养			
任务类型	钳加工		完成工时	
以下由接单人和确认方填写				
领取材料			保管员（签名）	
领取工量具			年　月　日	
完成质量 （小组评价）			班组长（签名） 年　月　日	
用户意见 （教师评价）			用户（签名） 年　月　日	
改进措施 （反馈改良）				

注：此单与零件图样工序图一起领取。

任务2 知识点和技能点

学习目标

（1）了解并掌握普通碳素结构钢的牌号及用途。

（2）能在毛坯上利用划线工具描绘出加工界限。

（3）能安全使用常用工具（手锯）去除工件余料。

（4）能正确选用锯条，了解锯路的作用。

（5）能正确使用台虎钳夹紧工件。

一、了解材料

从任务单上可以看出，四方板使用的材料为Q235，我们一块儿来了解一下该材料。

（1）Q235是碳素结构钢，属于碳素钢的一种。碳素钢是指含碳量小于等于2.11%的铁碳合金。

（2）碳素钢按用途分为碳素结构钢和碳素工具钢。碳素结构钢的含碳量小于0.7%，碳素工具钢的含碳量一般均大于0.7%。

（3）碳素钢从质量等级上可分为普通钢、优质钢和高级优质钢三类。因为Q235属于普通钢，所以它属于普通碳素结构钢，即屈服强度为235 MPa的普通碳素结构钢。

（4）普通碳素结构钢的杂质和金属夹杂物较多，但冶炼容易，工艺性好，价格便宜，产量大，在性能上能满足一般工程结构及普通零件的要求，因而应用普遍。普通碳素结构钢通常轧制成钢板和各种型材，用于厂房、桥梁、船舶等的建造中一些受力不大的机械零件，如铆钉、螺钉、螺母等。

二、划线

我们要把四方板毛坯100 mm×70 mm制作成80 mm×60 mm，即从图2-2-1（a）到图2-2-1（b）。我们如何做呢？

首先要在四方板毛坯上划出加工界线，然后去除多余的材料。

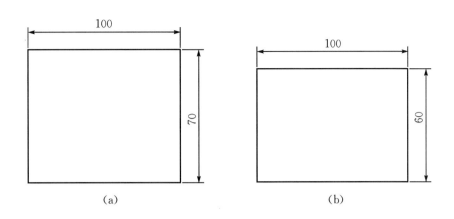

图2-2-1 四方板毛坯

我们接下来一起认识一下划线。

1.划线的定义

划线是指根据图样的技术要求，在毛坯、半成品或工件上，用划线工具划出加工部位的轮廓线即加工界线或者是划出作为基准的点、线的操作过程。划线一般分为平面划线和立体划线两种，如图2-2-2所示。

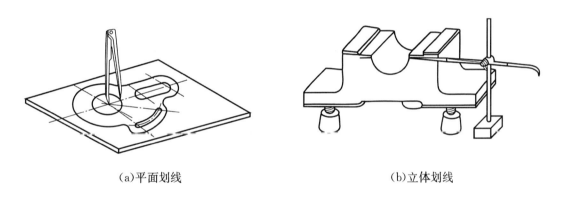

(a)平面划线 (b)立体划线

图2-2-2 划线的种类

2.常用划线工具及其使用

1）钢直尺

钢直尺的长度规格有150 mm、300 mm、1000 mm等多种，最小刻线距离为0.5 mm。钢直尺主要用来测量工件尺寸，也可作为划直线时的导向工具。

2）划线平台

划线平台又称划线平板，如图2-2-3所示。它由铸铁制成，工作表面经过精刨或刮削加工，作为划线时的基准平面。

图2-2-3 划线平台

使用要点：平台工作表面应经常保持清洁，工件和工具在平台上都要轻拿、轻放，不可损伤其工作表面；用后要擦拭干净，并涂上机油防锈。

3）划针

如图2-2-4所示，划针用来在工件上划出线条。划针用弹簧钢丝或高速钢制成，直径一般为3～5 mm，尖端磨成15°～20°的尖角，并经热处理淬火使之硬化。有的划针在尖端部位焊了硬质合金，耐磨性更好。

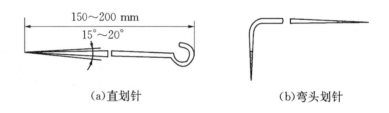

（a)直划针　　　　　　　　　　　　　（b)弯头划针

图2-2-4 划针

使用要点：在用钢直尺和划针划连接两点的直线时，针尖要紧靠导向工具的边缘，上部向外倾斜15°～20°，向划线移动方向倾斜45°～75°，如图2-2-5所示；针尖要保持尖锐，划线要尽量做到一次划成，使划出的线条既清晰又准确；不用时，划针不能插入衣袋中，最好套上塑料管，不使针尖外露。

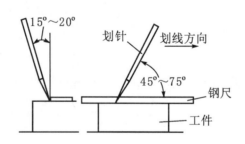

图2-2-5 划针的使用

4）划规

划规用来划圆、划圆弧、等分线段、等分角度及量取尺寸等。它一般用工具钢制成，脚尖经热处理，硬度较高。有的划规在两脚端部焊了硬质合金，耐磨性更好，如图2-2-6所示。

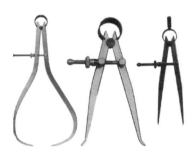

图2-2-6　划规

使用要点：划规的长度要磨得稍有不等长；作为旋转中心的划规脚应加以较大的压力，防止中心滑动；另一只脚以较轻的力在工件表面上划出圆弧或圆。

5）样冲

样冲是在划好的线上冲眼用的工具，通常用工具钢制成，尖端磨成60°左右，并经过热处理，硬度高达55～60 HRC，如图2-2-7所示。

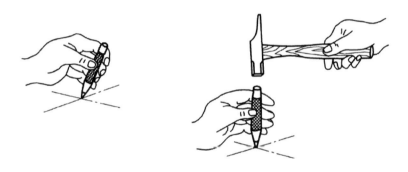

图2-2-7　样冲及其使用

冲眼是为了强化显示用划针划出的加工界线；在划圆时，需先冲出圆心的样冲眼，利用样冲眼作圆心，才能划出圆线。样冲眼也可以作为钻孔前的定心。

3. 划线用涂料

为使工件表面划出的线条清晰，一般会在工件表面的待划线部位涂上一层薄而均匀的涂料。常用的划线涂料配方及应用见表2-2-1。

表2-2-1　划线涂料及应用

名　称	配制比例	应用场合
石灰水	石灰水加适量的桃胶或骨胶	锻件、铸件毛坯
蓝油	2%～4%龙胆紫、3%～5%虫胶漆与91%～95%酒精混合而成	已加工表面
硫酸铜溶液	100 g水中加1～1.5 g硫酸铜和少许硫酸溶液	形状复杂工件

4. 划线步骤

（1）研究图纸，确定划线基准，详细了解需要划线的部位、这些部位的作用和需求以及有关的加工工艺。

（2）初步检查毛坯的误差情况，去除不合格毛坯。

（3）工件表面涂石灰水。

（4）正确安放工件和选用划线工具。

（5）划线，步骤如下：

① 以A面为基准，加工如图2-2-8所示。

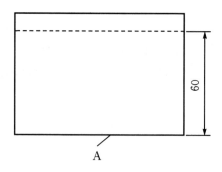

图2-2-8　以A面为基准划线

② 以B面为基准，加工如图2-2-9所示。

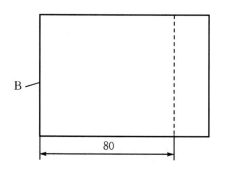

图2-2-9　以B面为基准划线

③ 完成如图2-2-10所示。

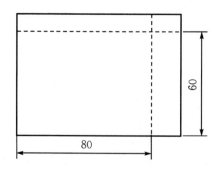

图2-2-10　划线完成

（6）详细检查划线的精度以及线条有无漏划。

（7）在线条上打冲眼。

5.划线基准及其选择

基准是指图样或工件上用来确定其他点、线、面位置的依据。

划线基准是指划线时，在工件上所选定的用来确定其他点、线、面位置的基准。

划线时，在零件的每一个方向的尺寸中都需要选择一个基准。因此，以平面划线一般要选择两个划线基准，而立体划线时一般要选择三个划线基准。划线应从划线基准开始，否则划线误差将增大，甚至产生困难和使工作效率降低。

划线基准一般有以下三种选择类型：

（1）以两个互相垂直的平面（或直线）为基准，如图2-2-11所示。

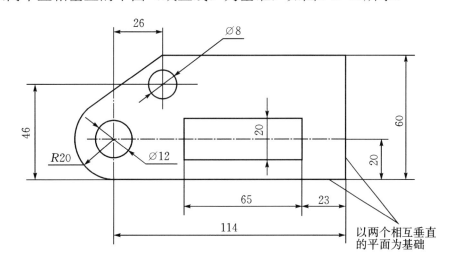

图2-2-11　以两个互相垂直的平面（或直线）为基准

（2）以两个互相垂直的中心线为基准，如图2-2-12所示。

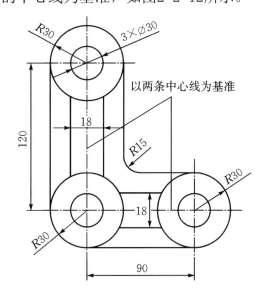

图2-2-12　以两个互相垂直的中心线为基准

（3）以一个平面和一条中心线为基准，如图2-2-13所示。

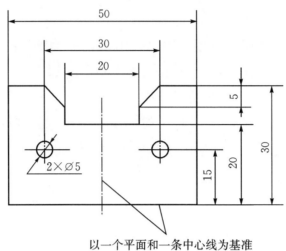

以一个平面和一条中心线为基准

图2-2-13　以一个平面和一条中心线为基准

三、去除多余材料 —锯削

在加工厂内，去除工件多余材料的方法有很多种。可用车削、铣削、锉削、磨削、锯削等。根据本产品的要求，我们要使用锯削来制作。对于锯削我们要掌握什么呢？

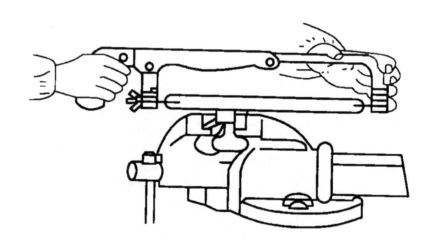

图2-2-14　锯削

用手锯把材料（工件）锯出窄槽或进行分割的工作称为锯削，如图2-2-14所示。其工作范围如图2-2-15所示。

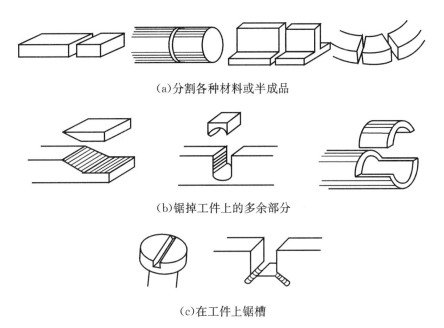

(a)分割各种材料或半成品

(b)锯掉工件上的多余部分

(c)在工件上锯槽

图2-2-15　锯削的工作范围

1.手锯

锯削加工时所用的工具为手锯，它主要由锯弓和锯条组成。锯弓用来安装并张紧锯条，分为固定式和可调式，如图2-2-16所示。固定式锯弓只能安装一种锯条；而可调式锯弓通过调节安装距离，可以安装多种长度规格的锯条。

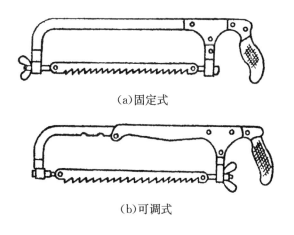

(a)固定式

(b)可调式

图2-2-16　锯弓的类型

1）锯齿的粗细

锯齿的粗细是以锯条每25 mm长度内的齿数来表示的，一般分为粗、中、细三种，常用的有14、18、24和32等，见表2-2-2。粗齿锯条的容屑槽较大，适用于锯软材料和切面较大的材料；细齿锯条适用于锯削硬材料和切面较小的材料，如锯削管子和薄板。

表2-2-2 锯齿的粗细

类 别	每25 mm长度内的齿数	应 用
粗	14～18	锯削软材料，如软钢、黄铜、铝、铸铁等
中	22～24	锯削中等硬度的钢、厚壁的钢管、铜管
细	32	薄片金属、薄壁管子
细变中	32～20	一般工厂中用，易于起锯

2）锯路

为了减少锯缝两侧面对锯条的摩擦阻力，避免锯条被夹住或折断，锯条在制造时，使锯齿按一定的规律左右错开，排成一定形状，称为锯路。

锯路有交叉型和波浪型两种（如图2-2-17所示）。

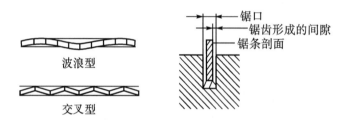

图2-2-17 锯路的种类

2. 锯条的安装

安装锯条时松紧要适当，过松或过紧都容易使锯条在锯削时折断。因手锯是向前推时进行切削，而在向后返回时不起切削作用，所以安装锯条时一定要保证齿尖的方向朝前，如图2-2-18所示。

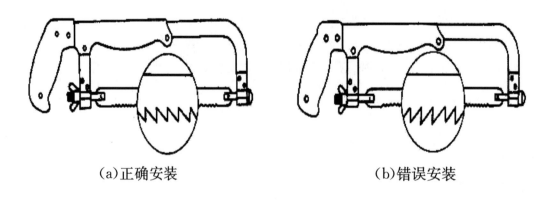

（a）正确安装   （b）错误安装

图2-2-18 锯条的安装

3. 手锯的握法

手锯的握法如图2-2-19所示

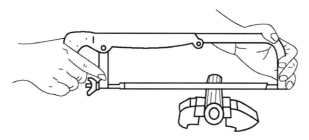

图2-2-19　手锯的握法

锯削时推力和压力主要由右手控制。左手所加压力不要太大，主要起扶正锯弓的作用。

推锯时锯弓的运动方式有两种：一种是直线运动，适于锯缝底面要求平直的槽和薄壁工件的锯削，见图2-2-20（a）；另一种，锯弓一般可以上下摆动，这样可使操作自然，两手不易疲劳，见图2-2-20（b）。

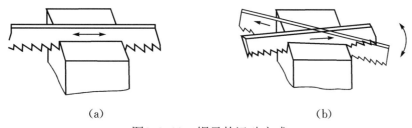

（a）　　　　　　　　　　　　　　　（b）

图2-2-20　锯弓的运动方式

手锯在回程中，不应施加压力，以免锯条磨损。

另外，推锯时，应使锯条的全部长度都利用到。若只集中于局部长度使用，锯条的使用寿命将相应缩短。一般往复长度应不小于锯条全长的2/3。

4. 起锯

起锯是锯削工作的开始，起锯的好坏直接影响锯削质量。

起锯的方式有远边起锯和近边起锯两种，如图2-2-21所示。

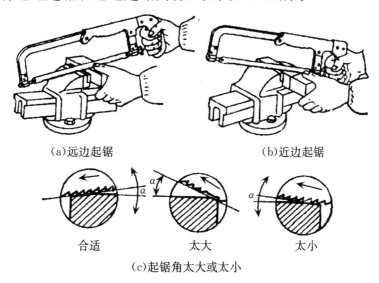

（a）远边起锯　　　　　　　　　　　　（b）近边起锯

合适　　　　　太大　　　　　太小

（c）起锯角太大或太小

图2-2-21　起锯的方式及起锯角的大小

一般情况下采用远边起锯，因为此时锯齿是逐步切入材料，不易被卡住。

5. 锯削的全过程及锯弓前进的运动形式

锯削的全过程及锯弓前进的运动形式如图2-2-22所示。

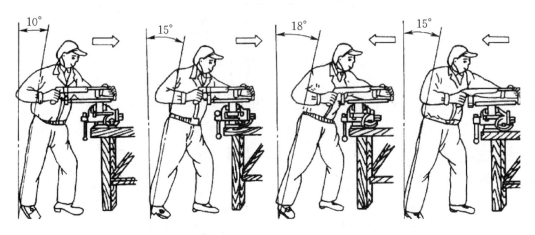

图2-2-22　锯削的全过称

四、台虎钳的使用

台虎钳是装在钳桌上，用来夹持工件的。一般可选用钳口宽度为75 mm或100 mm的台虎钳。使用台虎钳时应注意以下几点：

（1）台虎钳安装在钳桌上时，必须使固定钳身的钳口工作面处于钳台边缘之外。

（2）台虎钳固定在钳桌上必须牢固，两个夹紧螺钉必须扳紧。

（3）夹紧工件时，只允许依靠手的力量来扳动手柄，不许用榔头敲击手柄，以免丝杠、螺母或钳身损坏。

（4）丝杠、螺母和其他活动表面上要经常加油并保持清洁，以利润滑。

任务3 正确制作四方板

学习目标

（1）确定产品的加工过程。

（2）能区别不同工序。

（3）锯削加工时锯条折断的原因分析。

（4）能分析锯削加工时产生废品的原因。

（5）能利用台虎钳对不同锯削工件进行夹紧。

（6）能了解不同形状零件锯削的基本方法。

一、四方板的加工工艺过程

四方板的加工工艺过程如图2-3-1所示。

表2-3-1　四方板的加工工艺过程

序　号	工序内容	工序简图
1	来料检查 （检查毛坯料是否为 100 mm×70 mm）	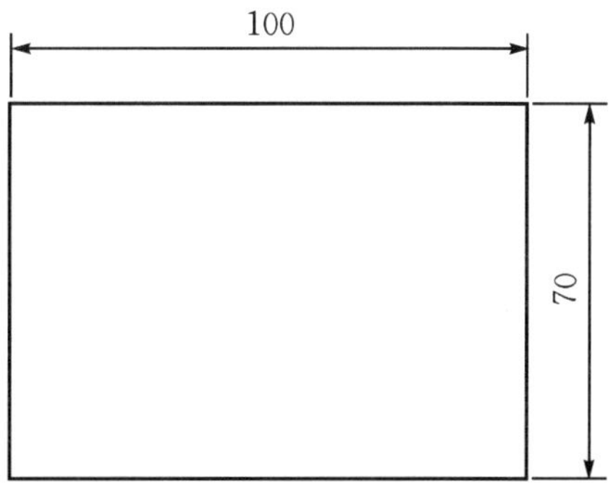 100 / 70
2	划线 （处理毛坯表面，在毛坯上 划线80 mm×60 mm）	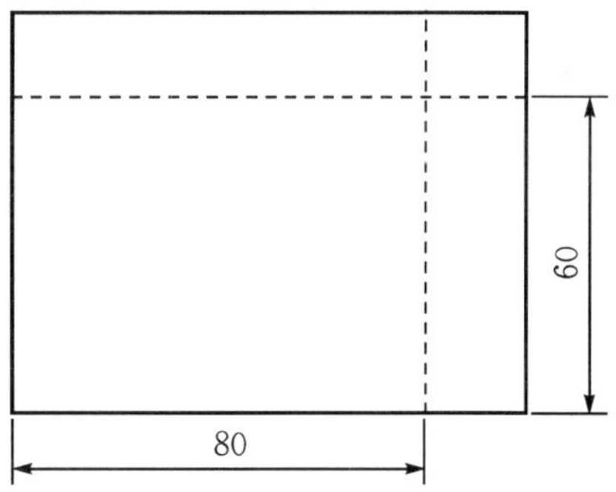 80 / 60
3	锯削 （长度方向锯掉20 mm， 宽度方向锯掉10 mm）	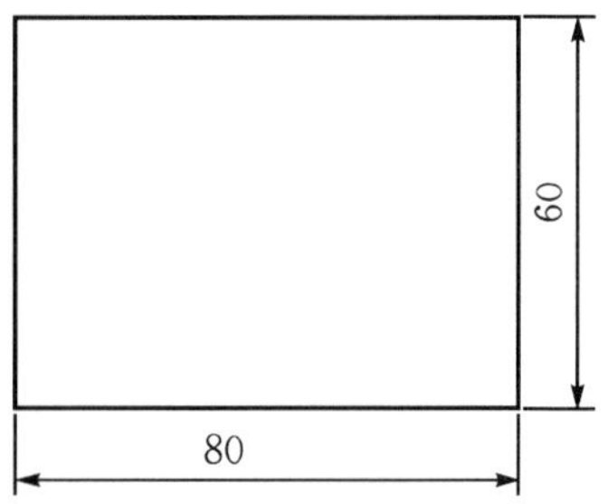 80 / 60
4	复检所有尺寸	

二、工序及其划分

一个（或一组）工人，在一个工作地点（或一台设备上）对同一个零件（或一组零件）所连续完成的那一部分加工过程称为一个工序。

划分工序的主要依据是工作地点（或加工设备）是否变动和加工是否连续。

三、锯削加工时锯条损坏的原因分析

锯削加工时锯条损坏的原因分析具体如表2-3-2所示。

表2-3-2　锯条损坏的原因分析

损坏表现	损坏原因
锯齿崩裂	（1）起锯角太大或采用近起锯时用力过大； （2）锯削时突然加大压力，锯齿被棱边钩住而崩裂； （3）锯薄板料和薄壁管子时，没有选用细齿锯条
锯条折断	（1）锯条装的过紧或过松； （2）工件装夹不正确，产生抖动或松动； （3）锯缝歪斜后强行矫正，使锯条扭断； （4）压力太大或突然用力； （5）新换锯条在旧锯缝中被卡住而折断（一般应改换方向，否则应小心操作）； （6）工件锯断时没有掌握好，致使手锯碰撞台虎钳等物，锯条被折断
锯齿过早磨损	（1）锯削速度过快，锯条发热过度导致磨损加剧； （2）锯削较硬材料时没有加切削液； （3）锯削过硬的材料

四、锯削废品产生的原因分析

锯削产生废品的主要原因：尺寸小于工件的要求尺寸；锯缝歪斜过多，超出要求范围；起锯时锯条打滑把工件表面损坏。

五、安全生产

安全生产注意事项：

（1）锯削时要防止锯条折断从锯弓上弹出伤人。

（2）工件被锯下的部分要防止跌落砸在脚上。

六、锯削工件的夹紧

能利用台虎钳对不同锯削工件进行夹紧，如图2-3-1所示。

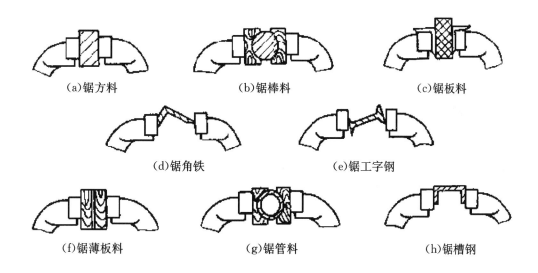

(a)锯方料　　　　　　　　(b)锯棒料　　　　　　　　(c)锯板料

(d)锯角铁　　　　　　　　(e)锯工字钢

(f)锯薄板料　　　　　　　(g)锯管料　　　　　　　　(h)锯槽钢

图2-3-1　锯削工件夹紧方式

七、不同形状零件锯削的基本方法了解

锯削不同形状零件的方法不同，具体如下：

（1）扁钢、型钢：在锯口处划一周圈线，分别从宽面的两端锯下，两锯缝将要结接时，轻轻敲击使之断裂分离。

（2）圆管：选用细齿锯条，当管壁锯透后随即将管子沿着推锯方向转动一个适当角度，再继续锯割，依次转动，直至将管子锯断。

（3）棒料：如果断面要求平整，则应从开始连续锯到结束，若要求不高，可分几个方向锯下，以减小锯切面，提高工作效率。

（4）薄板：锯削时尽可能从宽面锯下去，若必须从窄面锯下时，可用两块木垫夹持，连木块一起锯下，也可把薄板直接夹在虎钳上，用手锯作横向斜推锯。

（5）深缝：当锯缝的深度超过锯弓高度时，应将锯条转90°重新装夹，当锯弓高度仍不够时，可把锯齿朝向锯内装夹进行锯削。

任务4 工作总结与评价

学习目标

（1）能自信地展示自己的作品，讲述自己作品的特点。

（2）能虚心听取他人的建议，并加以改进。

（3）能对学习与工作进行反思总结，并能与他人开展良好合作，进行有效的沟通。

（4）能写出自己的基本加工过程。

1.检查自己加工的工件是否满足要求，是否存在质量缺陷。

（1）讲述自己工件的特点？

（2）造成质量缺陷的原因是什么？

（3）如果再次加工相似的工件，在加工过程中你将注意哪些事项？

2.其他人的工件，你最喜欢那一个？试对其进行评价。

3. 工作总结与评价如表2-4-1所示。

表2-4-1 工作总结与评价

项 目	自我评价 1～10 占总评10%	小组评价 1～10 占总评30%	教师评价 1～10 占总评60%
任务1			
任务2			
任务3			
任务4			
纪律			
表述			
态度			
小计			

工作过程：

项目三

长方体的制作

学习目标

（1）能识读零件图，并确定工具及量具。

（2）了解游标卡尺的原理，并能熟练使用游标卡尺测量工件。

（3）能在毛坯上利用划线工具描绘出加工界线。

（4）能识别锉刀的种类、规格及使用的特点，并能正确选用锉刀加工不同轮廓形状工件。

（5）能对锉刀进行维护保养。

（6）能按现场6S管理的要求清理现场。

（7）能遵守安全文明生产规范，并逐步养成安全文明生产的习惯。

学习工作流程

任务1：接收工作任务，明确工作要求。

任务2：知识点和技能点。

任务3：正确制作长方体。

任务4：工作总结与评价。

任务1 接受工作任务，明确工作要求

学习目标

（1）能按照规定领取工作任务。

（2）能读懂长方体的视图。

一、学习工作任务

（1）到仓库领取100×⌀30 的棒料；

（2）根据现场情况选用合适的工量具和设备；

（3）根据要求进行加工，交付检验；

（4）填写生产任务单，清理工作现场，完成工量具、设备的维护和保养。

二、长方体图样

长方体的图样如图3-1-1所示。

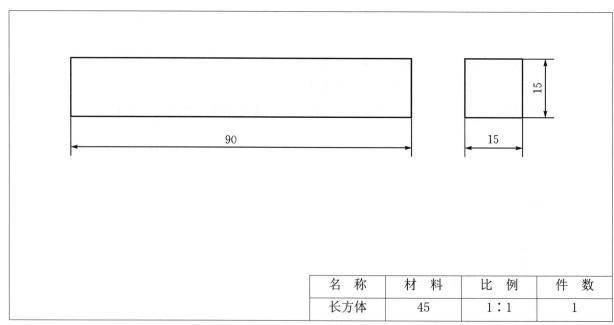

名　称	材　料	比　例	件　数
长方体	45	1：1	1

图3-1-1　长方体图样

三、根据图样确定所需工具及量具

工具和量具：游标卡尺、高度游标尺、直角尺、刀口尺、钳工锉、划针等。

辅助工具：软钳口衬垫、锉刷、涂料等。

四、领取任务单

按照规定从保管员处领取生产任务单并签字确认。生产任务单如下：

长方体生产任务单

单　　号：＿＿＿＿＿＿＿＿　　　　开单时间：＿＿＿年＿＿＿月＿＿＿日＿＿＿时

开单部门：＿＿＿＿＿＿＿＿　　　　开 单 人：＿＿＿＿＿＿＿＿＿＿＿＿＿＿

接 单 人：＿＿＿部＿＿＿组＿＿＿　　　　签　　名：＿＿＿＿＿＿＿＿＿＿＿＿＿＿

以下由开单人填写				
序　号	产品名称	材　　料	数　　量	技术标准、质量要求
1	长方体	45		按图纸要求
任务细则	（1）到仓库领取相应的材料； （2）根据现场情况选用合适的工量具和设备； （3）根据加工工艺进行加工，交付检验； （4）填写生产任务单，清理工作现场，完成工量具、设备的维护和保养			
任务类型	钳加工		完成工时	
以下由接单人和确认方填写				
领取材料			保管员（签名）	
领取工量具			年　　月　　日	
完成质量 （小组评价）			班组长（签名） 年　　月　　日	
用户意见 （教师评价）			用户（签名） 年　　月　　日	
改进措施 （反馈改良）				

注：此单与零件图样、工艺卡（加工工艺过程表）一起领取。

任务2 知识点和技能点

学习目标

（1）了解视图的基本知识。

（2）能在毛坯上利用划线工具描绘出加工界限。

（3）了解锉刀及其正确使用方法。

（4）能安全使用常用工具（手锯、锉刀）去除工件余料。

（5）能正确使用游标卡尺测量工件。

一、分析图样

从图样上可以看出下列问题：

（1）长方体使用的材料为45，它与Q235有何区别？

相同点：它们都是碳素结构钢。

差异：45是优质钢，Q235是普通钢。

45钢的牌号：45表示含碳量的万分数，即0.45%。

（2）图样上主视图、左视图、俯视图中的长、宽、高遵循了哪些规律？

主视图和左视图高平齐；左视图和俯视图宽相等；主视图和俯视图长对正。

二、游标卡尺的使用

游标卡尺是的一种中等精度的量具，它可以直接测量出工件的内径、外径、长度、宽度、深度等。钳工常用的游标卡尺测量范围有0～125 mm、0～200 mm、0～300 mm等几种。

1. 游标卡尺的结构

游标卡尺的结构如图3-2-1所示。

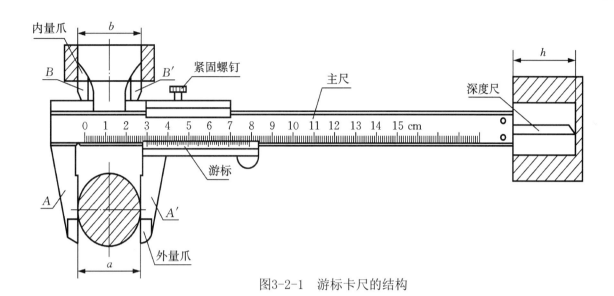

图3-2-1　游标卡尺的结构

2.游标卡尺的刻线原理和读法

游标卡尺的测量精度有1/20（0.05）mm和1/50（0.02）mm两种，常用1/50（0.02）mm。

1/50 mm游标卡尺，尺身每小格长度为1 mm，当两卡爪合并时游标上的第50格正好与尺身上的49 mm对齐。尺身与游标每格之差为（1－49）/50=0.02 mm，此差值即为1/50 mm游标卡尺的测量精度。

用游标卡尺测量工件时，读数分三个步骤：

（1）读整数：读出游标上零线以左尺身上的毫米数。

（2）读小数：读出游标上与尺身刻线对齐的游标的刻线的格数N（每格0.02），即小数为$N×0.02$ mm或$N×0.05$ mm。

（3）求和：把整数和小数相加即为测量尺寸。

3.游标卡尺读数实例

看表3-2-1中的实例，练习游标卡尺的读数方法。

表3-2-1　游标卡尺读数实例

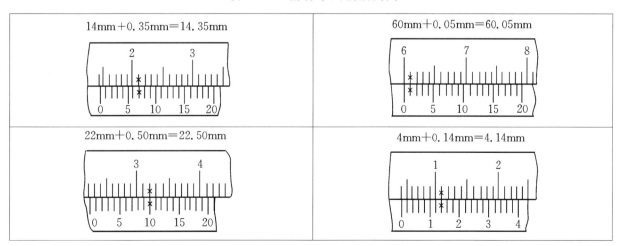

27mm＋0.94mm＝27.94mm	21mm＋0.50mm＝21.50mm
26mm＋0.84mm＝26.84mm	21mm＋0.40mm＝21.40mm

4.了解其他类型的游标卡尺

其他游标卡尺如表3-2-2所示

表3-2-2　其他游标卡尺

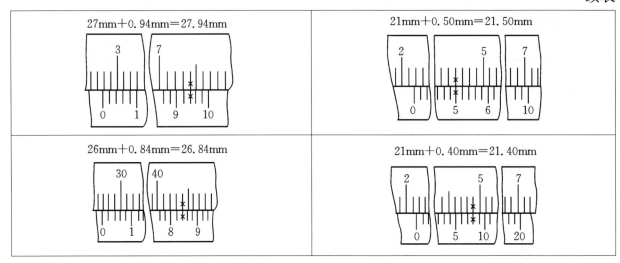

序　号	名　　称	示　意　图
1	游标高度尺	
2	游标深度尺	
3	电子数显卡尺	

5. 注意事项

使用游标卡尺的注意事项如表3-2-3所示

表3-2-3　使用游标卡尺的注意事项

正确的测量方法	错误的测量方法

三、锉削

锉削是用锉刀对工件表面进行切削加工的操作，如图3-2-2所示。

图3-2-2　锉削

锉削是钳工基本操作之一，主要用于零配件的修整及精加工。锉削的精度可以达到0.01 mm，表面粗糙度R_a可以达到0.8，适用于内外平面、内外曲面、内外角、沟槽及各种复杂形状的表面。

1. 锉刀的构造

锉刀是由优质或高级优质碳素工具钢T12、T13或T12A、T13A制成的，经热处理后切削部分的HRC硬度可以高达62~67。

锉刀由锉身和锉柄组成，其各部分的名称如图3-2-3所示。

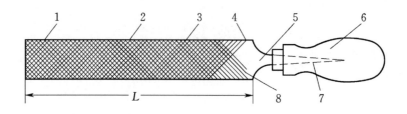

1—锉齿；2—锉刀面；3—锉刀边；4—底齿；5—锉刀尾；6—锉刀把；
7—锉刀舌；8—面齿；*L*—长度

图3-2-3 锉刀的构造

2. 锉齿和锉纹

锉刀有无数个锉齿，锉削时每个锉齿都相当于一把錾子在对材料进行切削。

锉纹是锉齿有规则排列的图案。锉刀的齿纹有单齿纹和双齿纹两种，如图3-2-4所示。

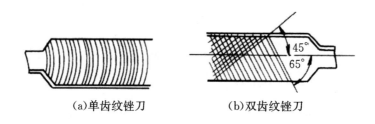

(a)单齿纹锉刀　　　　(b)双齿纹锉刀

图3-2-4 锉刀的齿纹

单齿纹指锉刀上只有一个方向的齿纹，常用来锉削软材料。

锉刀上有两个方向排列的齿纹称为双齿纹。浅的齿纹是底齿纹，深的齿纹是面齿纹。锉削硬材料时使用双齿纹锉刀。

3. 锉刀的种类

钳工的锉刀按其断面形状的不同又可分为五种：平锉（板锉）、方锉、三角锉、半圆锉和圆锉，如图3-2-5所示。

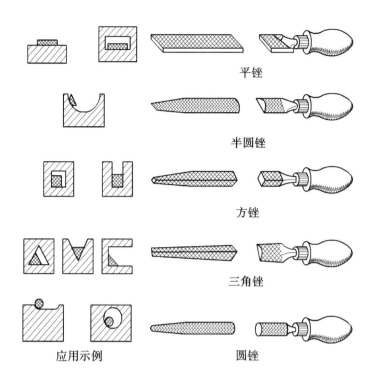

平锉

半圆锉

方锉

三角锉

应用示例　　　　　　　圆锉

图3-2-5　钳工锉刀断面形状及应用实例

锉刀按其长度可分为100 mm、150 mm、200 mm、250 mm、300 mm、350 mm及400 mm等七种；按其齿纹可分单齿纹、双齿纹；按其齿纹粗细可分为粗齿、中齿、细齿、粗油光（双细齿）、细油光五种。

4. 锉刀的选用

合理选用锉刀，对保证加工质量、提高工作效率和延长锉刀寿命有很大的影响。

锉刀的一般选择原则如下：

（1）根据工件形状和加工面的大小选择锉刀的形状和规格。每种锉刀都有其主要的用途，应根据工件表面形状和尺寸大小来选用，其具体选择如表3-2-4所示。

表3-2-4　锉刀的选用

类　　别	图　　示	用　　途
平锉		锉平面、外圆、凸弧面
半圆锉		锉凹弧面、平面

续表

类别	图示	用途
三角锉		锉内角、三角孔、平面
方锉		锉方孔、长方孔
圆锉		锉圆孔、半径较小的凹弧面、内椭圆面
菱形锉		锉菱形孔、锐角槽
刀口锉		锉内角、窄槽、楔形槽，锉方孔、三角孔、长方孔的平面

（2）根据材料软硬、加工余量、精度和粗糙度的要求选择锉刀齿纹的粗细。

5. 锉刀的握法

（1）较大锉刀的握法如图3-2-6所示。较大锉刀一般指锉刀长度大于250 mm的锉刀。

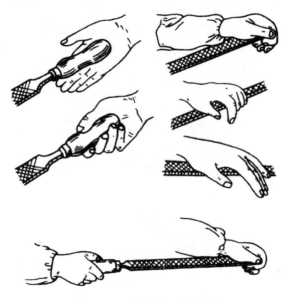

图3-2-6　较大锉刀的握法

（2）中型锉刀的握法如图3-2-7所示。中型锉刀握法的右手与较大锉刀握法的相同，左手的大拇指和食指轻轻扶持锉刀。

图3-2-7　中型锉刀的握法

（3）小型锉刀的握法如图3-2-8所示。右手的食指平直扶在手柄外侧面，左手手指压在锉刀的中部，以防锉刀弯曲。

图3-2-8　小型锉刀的握法

6. 锉削的姿势

锉削时的站立步位和姿势如图3-2-9所示。

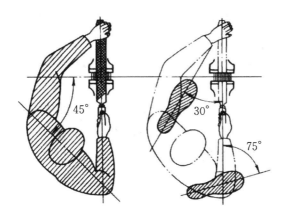

图3-2-9　锉削的姿势

锉削动作和锯削动作类似，如图3-2-10所示。

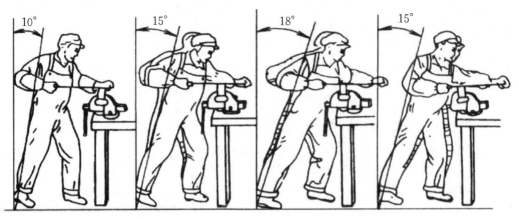

    (a)开始锉削   (b)锉刀推出1/3行程   (c)锉刀推出2/3行程   (d)锉刀行程推尽时

图3-2-10　锉削动作

7. 锉削方法

1）工件的装夹

（1）工件尽量夹持在台虎钳钳口宽度方向中间。

（2）装夹要稳固，用力适当，以防工件变形。

（3）锉削面靠近钳口，以防锉削时产生振动。

（4）工件形状不规则、已加工表面或精密工件，要加适宜的衬垫（铜皮或铝皮）后夹紧。

2）平面锉削方法

平面锉削方法如表3-2-5所示

表3-2-5　平面锉削方法

种 类	应 用	操作图示
顺向锉	顺向锉是最普通的锉削方法。锉刀运动方向与工件的夹持方向始终一致，面积不大的平面和最后锉光采用这种方法。顺向锉可得到正直的锉痕，比较整齐、美观	
交叉锉	交叉锉的锉刀运动方向与工件夹持方向成30°～40°角，且锉纹交叉。交叉锉时锉刀与工件的接触面积大，锉刀容易掌握平稳。同时，从锉痕上可以判断出锉削面的高低情况，因此容易把平面锉平。交叉锉法一般适用于粗锉。交叉锉削进行到平面加工余量较小时，要改用顺向锉法，使锉痕变为平直	逐次自左向右锉削 第一锉向　　第二锉向

续表

种 类	应 用	操作图示
推锉	推锉法一般用来锉削狭长平面，或用顺向锉法锉刀受阻碍时采用。推锉法不能充分发挥手的力量，同时切削效率不高，普通钳工已不推荐使用。但对模具钳工较适宜在加工余量较小和修正尺寸时应用	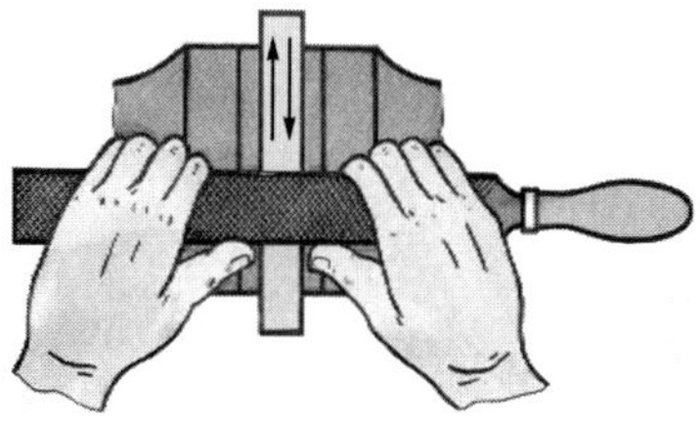 

在锉削平面时，不管是顺向锉还是交叉锉，为了使整个加工表面能均匀地锉削到，一般在每次抽回锉刀时，要向旁边略为移动。

任务3 正确制作长方体

学习目标

（1）确定产品的加工过程。

（2）工件的检验

（3）锉削时产生的废品及其原因分析。

（4）锉刀的保养。

（5）安全生产。

一、长方体的加工工艺过程

长方体的加工工艺过程如表3-3-1所示。

表3-3-1　长方体的加工工艺过程

序　号	工序内容	工序简图
1	来料检查（检查毛坯尺寸是否为∅30×90）	
2	划线（毛坯放置在V形铁上，用游标高度尺划第一加工面的加工线，并打样冲眼）	
3	锯削第一个平面	
4	锉削第一个平面	
5	划线（毛坯放置在平板上，并以第一面靠住V形铁，用游标高度尺划第二加工面的加工线，并打样冲眼）	

续表

序　号	工序内容	工序简图
6	锯削第二个平面	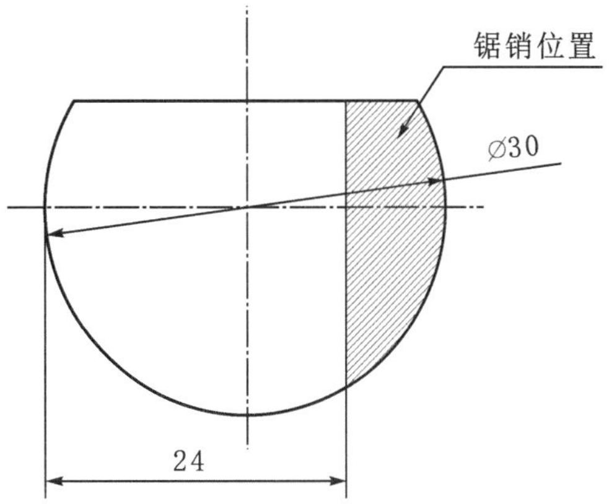 锯销位置　Ø30　24
7	锉削第二个平面	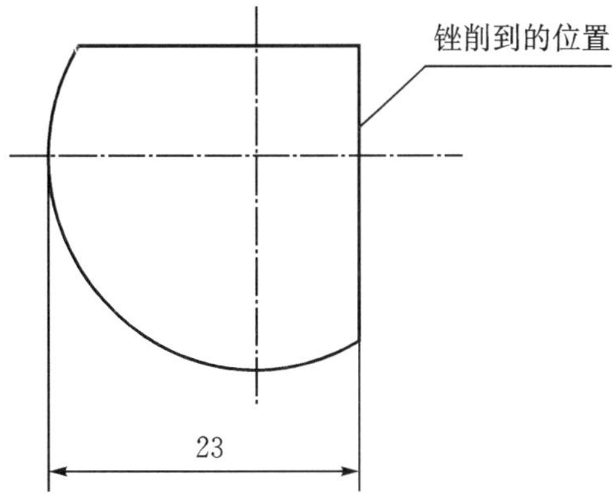 锉削到的位置　23
8	划线（毛坯放置在平板上，用游标高度尺划第三、第四加工面的加工线，并打样冲眼）	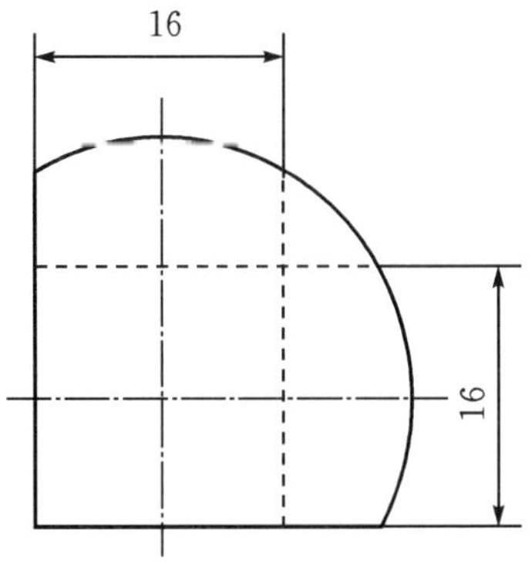 16　16
9	锯削第三个平面	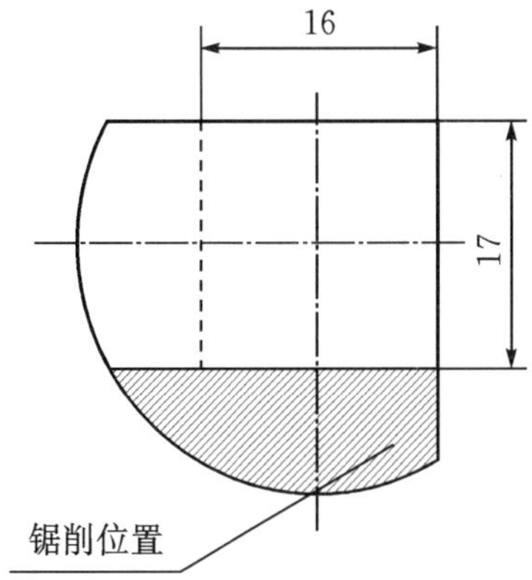 16　17　锯削位置

续表

序 号	工序内容	工序简图
10	锉削第三个平面	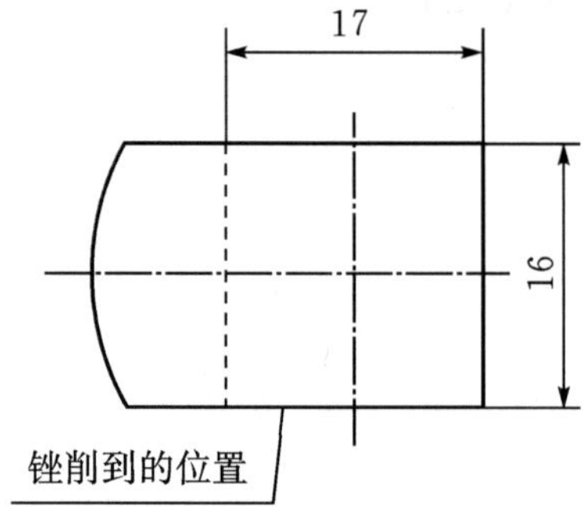 17 16 锉削到的位置
11	锯削第四个平面	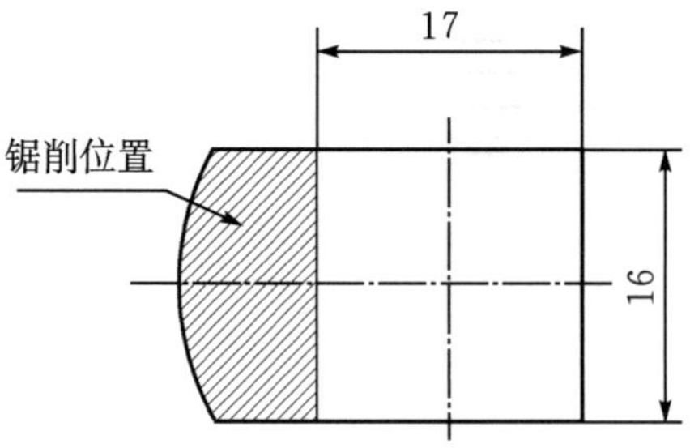 17 锯削位置 16
12	锉削第四个平面	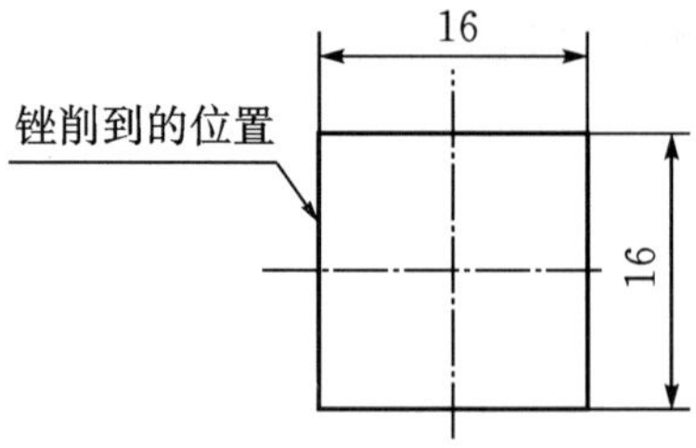 16 锉削到的位置 16
13	精锉（加工顺序为基准面—→相邻侧面1—→相邻侧面2—→平行面）	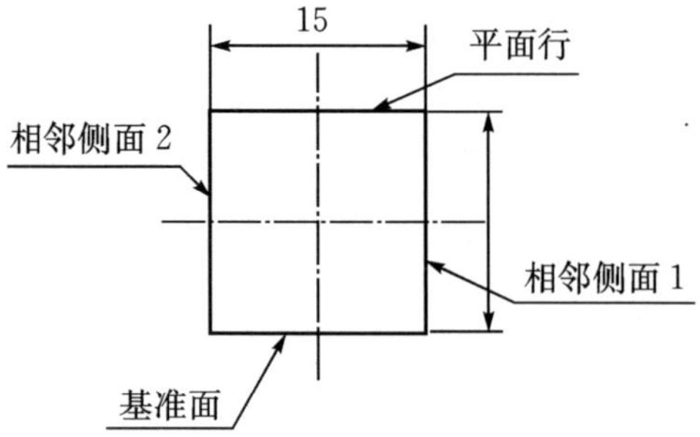 15 平面行 相邻侧面2 相邻侧面1 基准面
14	复检各个尺寸	

二、工件的检验

1. 平面度的检验

平面锉削时，常需要检验其平面度。一般可用钢直尺或刀口尺以透光法来检验（见

图3-3-1）。刀口尺沿加工面的纵向、横向和对角线方向多处进行。如果检查处在直尺与平面间透过来的光线微弱而均匀，表示此处比较平直；如果检查处透过来的光线强弱不一，则表示此处有高低不平，光线强的地方比较低，而光线弱的地方比较高。

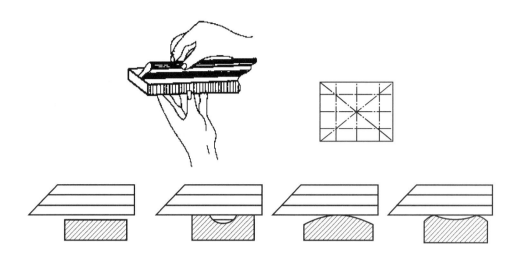

图3-3-1　平面度的检验

2. 垂直度的检验

用直角尺以透光法可以检查工件的垂直度（见图3-3-2）。在用直角尺检查时，尺座与基准平面必须始终保持紧贴，而不应受被测平面的影响而松动，否则检查结果会产生错误。

注意事项：刀口形直尺（直角尺）在加工面上改变检查位置时，不能在工件上拖动，应离开表面后再轻放到另一检查位置，否则直角的边容易磨损而使其精度降低。

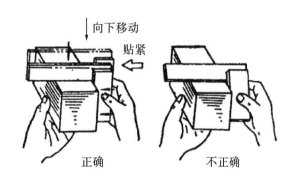

图3-3-2　垂直度的检验

3. 尺寸精度的检验

尺寸精度的检验用游标卡尺来进行。

三、锉削时产生的废品及其原因分析

挫削时产生的废品及其原因分析如表3-3-2所示。

表3-3-2 锉削时产生的废品及其原因分析

废品的种类	废品的表现	废品产生的原因
工件夹坏	精加工过的表面被台虎钳钳口夹出伤痕	主要原因是台虎钳钳口没有加保护片。有时钳口虽有保护片，但是由于工件较软而夹紧力过大，同样会使工件表面被夹坏
	空心工件被夹扁	夹紧力太大或直接用钳口夹紧而使空心工件变形
尺寸和形状不准确	锉削时尺寸和形状尚未准确而加工余量已经没有了	除了由于划线不正确或锉削时检查测量有误差外，多半是由于锉削量过大而又不及时检查，以致锉过了尺寸界限
	锉削角度面时把已锉好的相邻面锉坏	锉削时不细心，力度和手法控制不好，刮蹭了相邻面
	锉削时平面出现了中凸	由于操作技术不高或选用了中凹的再生锉刀
表面不光滑	锉痕过深，无法去除	粗锉时锉痕太深，以致在精锉时也无法去除粗痕
	原本较光滑的表面被锉粗	在精锉时仍采用较粗的锉刀
	表面拉毛	铁屑嵌在锉纹中未及时清除

四、锉刀的保养

合理使用和保养锉刀可以延长锉刀的使用期限，避免因为使用、保养不当使其过早损坏。为此，必须注意以下几点：

（1）不可使用锉刀来锉毛坯件的硬皮或氧化皮以及经过淬硬的工件，否则锉齿很易磨损。

（2）应待锉刀一面用钝后再用另外一面。

（3）每次使用完锉刀后，应用锉刀刷刷去锉纹中的残留铁屑，以免生锈腐蚀锉刀。

（4）锉刀放置时不能与其他金属硬物相碰，不能与其他锉刀互相重叠堆放，以免锉齿损坏。

（5）防止锉刀沾水，避免其腐蚀；防止锉刀沾油，避免锉削时打滑，造成意外伤害或损伤工件表面。

（6）不能把锉刀当做装拆工具。

（7）使用整形锉时不可用力过猛，以免锉刀折断。

五、安全生产

（1）锉刀放置时不要露出钳台外，以防跌落伤人。

（2）不能用嘴吹铁屑或用手清理铁屑，以防伤眼或伤手。

（3）不使用无柄或手柄开裂的锉刀。

（4）不要用手去摸锉削的表面，以防锉刀打滑而造成损伤。

（5）锉刀不得沾油和沾水。

任务4 工作总结与评价

学习目标

（1）讲述自己作品的特点。

（2）能虚心听取他人的建议，并加以改进。

（3）能对学习与工作进行反思总结，并能与他人开展良好合作，进行有效的沟通。

（4）能写出自己的基本加工过程。

1.查阅资料，总结出锉刀的规格有哪几种。本任务你选择了什么规格的锉刀来加工产品，为什么？

2.查询资料，总结出台虎钳夹持工件时要符合哪些要求。

3.应该如何做好台虎钳的清洁保养工作？

4.如何正确保养与使用锉刀？

5.工作总结与评价如表3-4-1所示。

表3-4-1　工作总结与评价

项　目	自我评价	小组评价	教师评价
	1～10	1～10	1～10
	占总评10%	占总评30%	占总评60%
任务1			
任务2			
任务3			
任务4			
纪律			
表述			
态度			
小计			

工作过程：

小锤子的制作

项目四

学习目标

（1）能读懂小锤子的零件图。

（2）能理解工程尺寸。

（3）能掌握圆弧面的锉削方法及检测手段。

（4）能掌握孔加工工艺，并掌握钻削技能。

（5）能合理使用切削液。

学习工作流程

任务1：接收工作任务，明确工作要求。

任务2：知识点和技能点。

任务3：正确制作小锤子。

任务4：工作总结与评价。

任务1 接收工作任务，明确工作要求

学习目标

（1）能按照规定领取工作任务。

（2）能看懂小锤子的图样。

一、学习工作任务

（1）到仓库领取100 mm×15 mm×15 mm的坯料；

（2）根据现场情况选用合适的工量具和设备；

（3）根据要求进行加工，交付检验；

（4）填写生产任务单，清理工作现场，完成工量具、设备的维护和保养。

二、小锤子的图样

小锤子的图样如图4-1-1所示。

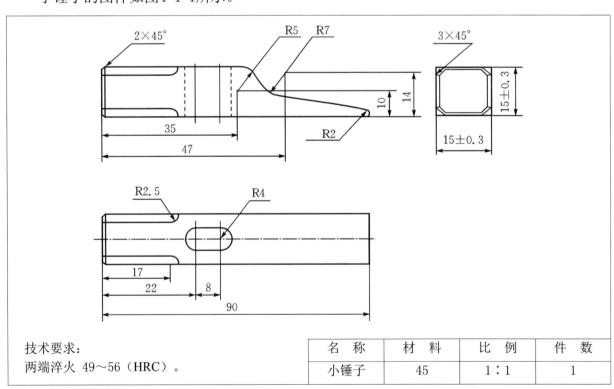

技术要求：
两端淬火 49～56（HRC）。

名 称	材 料	比 例	件 数
小锤子	45	1：1	1

图4-1-1 小锤子的图样

三、根据图样确定所需工具及量具

所需的工量具为：板锉 、划针、钢直尺、直角尺、高度游标尺、刀口尺、方箱、铜钳口、游标卡尺等。

四、领取生产任务单

按照规定从保管员处领取生产任务单并签字确认。生产任务单如下：

小锤子生产任务单

单　　号：_____　　　　开单时间：____年___月___日___时

开单部门：_____　　　　开 单 人：_____

接单人：____部___组____　　　　　签　　名：_____

以下由开单人填写			
序　号	产品名称	材　料	数　量	技术标准、质量要求
1	小锤子	45		按图纸要求
任务细则	（1）到仓库领取相应的材料； （2）根据现场情况选用合适的工量具和设备； （3）根据加工工艺进行加工，交付检验； （4）填写生产任务单，清理工作现场，完成工量具、设备的维护和保养			
任务类型	钳加工		完成工时	
以下由接单人和确认方填写			
领取材料		保管员（签名） 　　年　　月　　日		
领取工量具				
完成质量 （小组评价）		班组长（签名） 　　年　　月　　日		
用户意见 （教师评价）		用户（签名） 　　年　　月　　日		
改进措施 （反馈改良）				

注：此单与零件图样、工序图（加工工艺过程表）一起领取。

任务2 知识点和技能点

学习目标

（1）能理解工程尺寸，判断零件的加工尺寸是否合格。

（2）能掌握圆弧面锉削的方法和检测。

（3）能掌握钻孔和钻削技能。

一、分析图样

从小锤子的图样上可以看到15±0.3这一尺寸，与我们以往见过的尺寸不一样，我们一块儿来了解它。

1. 尺寸的表示方法

尺寸指用特定单位表示长度大小的数值。尺寸由数值和特定单位两部分组成，例如70 mm、50 m、20 cm等。机械制图国家标准中规定，在机械图样上的尺寸通常以mm为单位，如用此单位时，可以省略单位的标注仅标数值。采用其他单位时，则必须在数值后注写单位。

2. 公称尺寸

公称尺寸由设计给定，并经过标准化后确定。孔的公称尺寸用D表示，轴的公称尺寸用d表示。如图4-1所示，$\phi10$为销轴的公称尺寸，35为其长度的公称尺寸；$\phi20$为孔直径的公称尺寸。

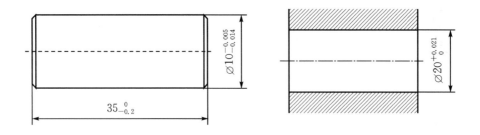

图4-2-1 公称尺寸

3. 实际尺寸

实际尺寸是通过测量获得的尺寸。由于存在加工误差，零件同一表面上不同位置的实际尺寸不一定相同。

4. 极限尺寸

允许尺寸变化的两个尺寸界限值称为极限尺寸。其中，允许的最大尺寸称为上极限尺寸，允许的最小尺寸称为下极限尺寸。

极限尺寸是以公称尺寸为基数来确定的，它可以大于、小于或等于公称尺寸。

以图4-2-1为例，其中：

轴的公称尺寸（d）为 $\phi10$ mm

轴的上极限尺寸（d_{max}）为 $\phi9.995$ mm

轴的下极限尺寸（d_{min}）为 $\phi9.986$ mm

孔的公称尺寸（D）为 $\phi20$ mm

孔的上极限尺寸（D_{max}）为 $\phi20.021$ mm

孔的下极限尺寸（D_{min}）为 $\phi20$ mm

5. 如何判断零件的加工尺寸是否合格

零件加工后的实际尺寸应介于两极限尺寸之间，不允许大于上极限尺寸且不允许小于下极限尺寸，否则零件尺寸就不合格。

零件尺寸是否合格取决于实际尺寸是否在极限尺寸范围之内，而与公称尺寸无直接的关系。

二、圆弧面（曲面）的锉削

平面锉削在项目三中已经介绍过，本项目只介绍圆弧面的锉削。

1. 外圆弧面的锉削

锉刀要同时完成两个运动：锉刀的前推运动和绕圆弧面中心的转动。前推是完成锉削，转动是保证锉出圆弧形状。

常用的外圆弧面锉削方法有：滚锉法和横锉法，如图4-2-2所示。滚锉法是使锉刀顺着圆弧面锉削，此法用于精锉外圆弧面；横锉法是使锉刀横着圆弧面锉削，此法用于粗锉外圆弧面或不能用滚锉法的情况下。

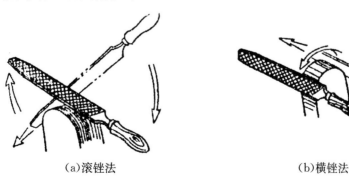

(a)滚锉法　　　　　　　　　　　(b)横锉法

图4-2-2　外圆弧面锉削方法

2．内圆弧面的锉削

锉刀要同时完成三个运动，即锉刀的前推运动、锉刀的左右移动和锉刀自身的转动，否则锉不好内圆弧面，如图4-2-3所示。

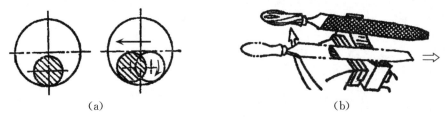

（a）　　　　　　　　　　　　　　（b）

图4-2-3　内圆弧面的锉削

3．圆弧面的检验

对于锉削加工后的内、外圆弧面，可采用曲面样板检查曲面的轮廓度。曲面样板通常包括凸面样板和凹面样板两类，如图4-2-4（a）所示。其中曲面样板左端的凸面板本身为标准内圆弧面，曲面样板的右端凹面样板用于测量外弧面，测量时，要在整个弧面上测量，综合进行评定，如图4-2-4（b）所示。

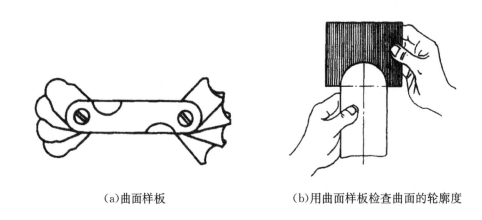

（a）曲面样板　　　　　　　　（b）用曲面样板检查曲面的轮廓度

图4-2-4　圆弧面的检验

三、孔的加工

孔加工的方法主要有两类：一类是用麻花钻、中心钻在实体材料上加工出孔；另一类是对已有孔进行再加工，即扩孔、锪孔和铰孔等。

1．钻孔

1）钻削运动

钻孔是用钻头在实体材料上加工孔的方法，如图4-2-5所示。

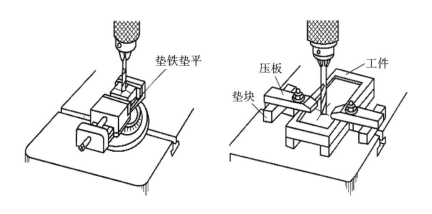

图4-2-5　钻孔

钻削加工的主运动是钻床的旋转运动，进给运动是钻头沿钻床主轴轴线方向的移动，如图4-2-6所示。

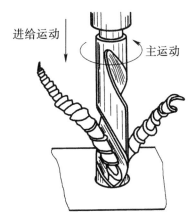

图4-2-6　钻削运动

2）钻削的特点

钻削时由于钻头是在半封闭的状态下进行切削加工，因此钻削加工具有以下特点：

（1）摩擦严重，需要较大的钻削力。

（2）产生热量多，而且传热、散热困难，切削温度较高。

（3）易产生孔壁的"冷作硬化"，给下道工序增加加工困难。

（4）麻花钻细而长，钻孔时容易产生振动。

（5）加工精度低。钻孔的尺寸精度一般在IT11～IT10之间，表面粗糙度R_a一般在50～63μm之间。

2. 钳工钻孔的工具

钳工钻孔的工具通常有钻床和钻头。

1）钻床

常用的钻床有台式钻床、立式钻床、摇臂钻床三种，手电钻也是常用钻孔工具，如图4-2-7所示。

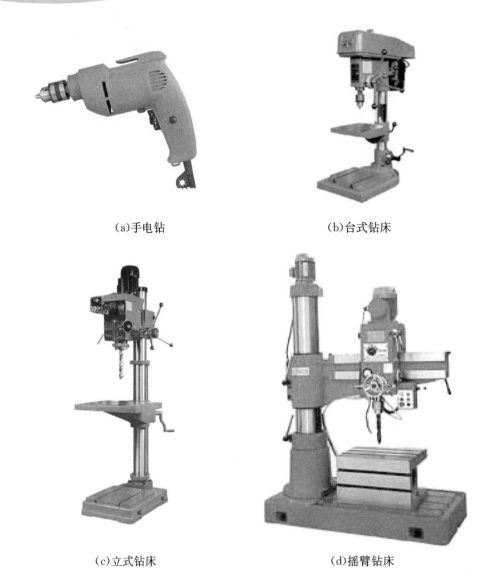

(a)手电钻　　　　　　　　　　(b)台式钻床

(c)立式钻床　　　　　　　　　(d)摇臂钻床

图4-2-7　钳工钻孔的工具

2）钻头及其组成

钻头（见图4-2-8）是钻孔用的主要刀具，用高速钢制造，工作部分热处理淬硬至HRC62～65。它由柄部、颈部及工作部分组成，如图4-2-9（a）所示。

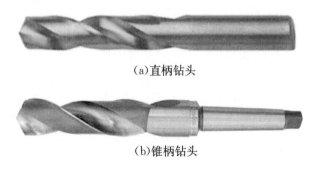

(a)直柄钻头

(b)锥柄钻头

图4-2-8　钻头

（1）柄部：钻头的夹持部分，起传递动力的作用，有直柄和锥柄两种。直柄传递扭矩力较小；锥柄顶部是扁尾，起传递扭矩作用。

（2）颈部：在制造钻头时砂轮磨削退刀用的。钻头的直径、材料、厂标一般也刻在颈部。

（3）工作部分：包括导向部分与切削部分。

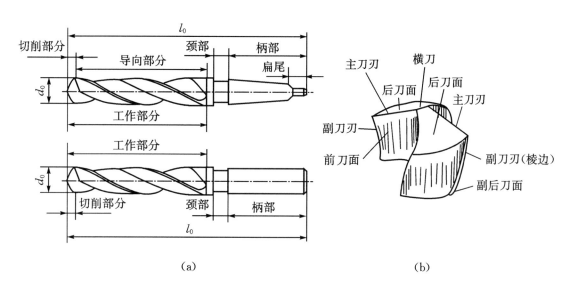

图4-2-9　麻花钻的组成

麻花钻的切削部分有两个刀瓣，主要起切削作用。标准麻花钻的切削部分由五刃（两条主刀刃、两条副刀刃和一条横刃）六面（两个前刀面、两个后刀面和两个副后刀面）组成，如图4-2-9（b）所示

麻花钻的导向部分用来保持麻花钻钻孔时的正确方向并修光孔壁，重磨时可作为切削部分的后备。两条螺旋槽的作用是形成切削刃，便于容屑、排屑和切削液输入。外缘处的两条棱带，其直径略有倒锥（0.05～0.1 mm/100 mm），用以导向和减少钻头与孔壁的摩擦。

3.麻花钻的刃磨

钻头用钝后或者根据不同的钻削要求而要改变钻头切削部分形状时，需要对钻头进行刃磨。钻头刃磨的正确与否，对钻削质量、生产效率以及钻头的耐用度影响显著。

手工刃磨钻头是在砂轮机上进行的。最好采用中软级硬度的砂轮。

砂轮旋转时的跳动要尽量小，否则影响钻头的刃磨质量。当砂轮跳动较大时，应进行砂轮的修整。

磨主切削刃时，要将主切削刃置于水平位置，大致在砂轮的中心平面高出中心线15～30 mm，并且应该在高于砂轮的中心平面的位置上进行刃磨。钻头的轴心线与砂轮圆柱面母线在水平面内的夹角，等于钻头顶角2φ（2φ为118°±2°）的一半，如图4-2-10所示。

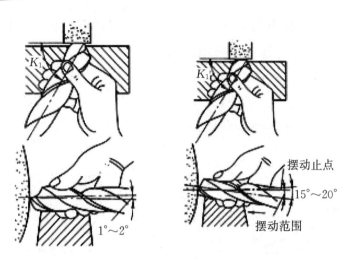

图4-2-10　钻头的刃磨

刃磨时，右手握住钻头的头部作为定位支点，并掌握好钻头绕轴心线的转动和加在砂轮上的压力；左手握住钻头的柄部做上下摆动。钻头绕轴心线转动的目的是保证整个后刀面都被刃磨；上下摆动的目的是为了磨出一定的后角。

一个主切削刃磨好后，翻转180°，刃磨另一个主切削刃。此时应保证钻头只绕其轴心线转动，而空间位置不变。这样才能使磨出的顶角与轴心线保持对称。

4. 钻削用量

钻削用量包括切削速度、进给量和背吃刀量三要素。

钻削时的切削速度（v）指钻孔时钻头直径上一点的线速度。可由下式计算：

$$v = \pi D n / 1000$$

式中：D——钻头直径，mm；

　　　n——钻床主轴转速，r/min。

钻削时的进给量（f）指主轴每转一转钻头对工件沿主轴轴线相对移动量（mm/r）。

背吃刀量（a_p）指已加工表面与待加工表面之间的垂直距离，也可以理解为一次进给所切下的金属层厚度。对钻削而言，$a_p = D/2$（mm）。

5. 划线钻孔的方法

1）钻孔时的工件划线

首先，按钻孔的位置尺寸要求，划出孔位的十字中心线，并打上中心样冲眼（样冲眼要小，位置要准）。对直径较大的孔，还应划出几个大小不等的检查圆（见图4-2-11（a）），以便钻孔时检查和校正钻孔位置。当孔的位置尺寸要求较高时，为了避免敲击中心样冲眼时所产生的偏差，可以直接划出以孔中心线为对称中心的几个大小不等的方格（见图4-2-11（b）），作为钻孔时的检查线，然后将中心冲眼敲大，以便落钻定心。

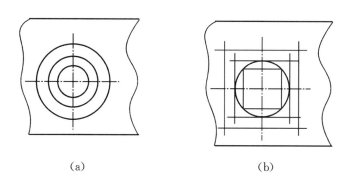

（a）　　　　　　　　　（b）

图4-2-11　钻孔时中心确定的方法

2）工件的装夹

工件的装夹如图4-2-12所示。

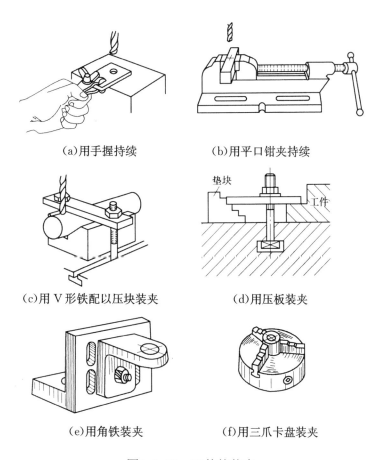

（a）用手握持续　　　　　　（b）用平口钳夹持续

（c）用 V 形铁配以压块装夹　　　（d）用压板装夹

（e）用角铁装夹　　　　　　（f）用三爪卡盘装夹

图4-2-12　工件的装夹

3）钻头的拆装

（1）直柄钻头的拆装。直柄钻头用钻夹头夹持。将钻头柄塞入钻夹头，用钻夹头钥匙旋转外套，使环形螺母带动三只卡爪移动，做夹紧或放松动作，如图4-2-13（a）所示。

（a）直柄钻头的拆装　　（b）锥柄钻头的安装　　（c）锥柄钻头的拆卸

图4-2-13　钻头的拆装

（2）锥柄钻头的装拆。锥柄钻头用柄部的莫氏锥体直接与钻床主轴连接。连接时必须将钻头锥柄及主轴锥孔擦干净，且使矩形舌部的方向与主轴上的腰形孔中心线方向一致，利用加速冲力一次装接，如图4-2-13（b）所示。

拆卸套筒内的钻头和在钻床主轴上的钻头，可以用锲铁敲入套筒或钻床主轴上的腰形孔内，锲铁带圆弧的一边要放在上面，利用锲铁斜面张紧分力，使钻头与套筒或主轴离，如图4-2-13（c）所示。

当钻头锥柄小于主轴锥孔时，可加过渡套来连接，如图4-2-14所示。

图4-2-14　钻套

4）起钻

钻孔时，先使钻头对准钻孔中心钻出一个浅坑，观察钻孔位置是否正确，并要不断地校正，使起钻浅坑与划线圆同轴。

校正方法：如果偏位较少，可在起钻的同时用力将工件向偏位的反方向推移，达到逐步校正的目的；如果偏位较多，可在校正方向打上几个中心冲眼或用油槽錾錾出几条槽，以减少此处的钻削阻力，达到校正的目的。但无论采用何种方法，都必须在锥坑外圆小于钻头直径之前完成。这是保证达到钻孔位置精度的重要环节。如果起钻锥坑的外圆已经达到孔径，而孔位仍偏移，校正就比较困难了。

5）手动进给操作

当起钻达到钻孔的位置要求后，即可压紧工件完成钻孔。钻小直径孔和深孔时，进给力要小，并要经常退钻排屑，以免切屑堵塞而扭断钻头。

一般在钻深达到钻头直径的3倍时，要退钻排屑。

孔将钻穿时，进给力要减少，以防止进给量突然过大，而增大切削抗力，造成钻头折断，或使工件随着钻头转动发生事故。

任务3 正确制作小锤子

学习目标

（1）确定产品的加工过程。

（2）掌握孔口倒角的方法。

（3）了解扩孔、锪孔及铰孔工艺。

（4）掌握孔加工时的安全事项。

（5）孔加工时切削液的使用。

一、小锤子的加工工艺过程

小锤子加工时的坯料用"项目三"完成后的工件即可。小锤子的加工工艺过程如表4-3-1所示。

表4-3-1　小锤子的加工工艺过程

序　号	工序内容	工序简图
1	备料	
2	划线（按零件图尺寸，划出全部加工界线）	
3	锉削（锉削四个圆弧。圆弧半径符合图纸要求，锉削四边斜角平面达图纸要求，锉削1×45°倒角）	
4	锯切（锯切两斜面。要求锯痕平整）	
5	锉削（锉削大平面，R7、R5、R2圆弧与平面平整连接）	R5 R7 R2
6	钻孔（用 ⌀8 mm麻花钻钻两通孔）	
7	锉削（按图锉削两内平面，将R4两圆弧接平）	R4
8	复检所有尺寸	

二、孔口倒角的方法

1. 孔口为什么要倒角

产品机械加工后的，在工件的直角或锐角处一般会产生毛刺。这些毛刺一方面会影响到产品的装配工作，另一方面会造成操作人员手部受伤或划伤其他工件。最简单的去毛刺的操作就是倒角。

2. 倒角尺寸的含义

例如本项目中的倒角C2的含义为45°×2。同样的倒角C2，在不同的位置所指的含义也不同，如图4-3-1所示。

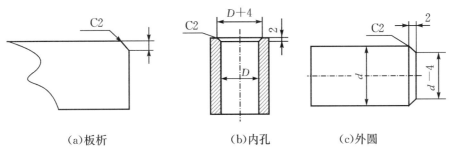

（a）板析　　　　　　　　（b）内孔　　　　　　　（c）外圆

图4-3-1　倒角

3. 孔口倒角

孔口倒角可以使用直径较大的麻花钻完成，也可使用锪钻或扩孔完成。倒角尺寸可以通过钻床的刻度来控制。当精度要求不高时，可以通过目测粗略的判断。

4. 操作要求

1）工件的装夹要求

为保证倒角的质量，必须使工件装夹水平。校平工件的简单方法是：控制工件的边缘与平口钳的上边缘平齐。可以用指尖沿钳口的垂直方向滑过，判断平齐的程度。

2）钻头位置的控制

倒角时钻头的轴线必须与孔的轴线重合，否则会使倒出的角一边大一边小。要按以下步骤操作：

（1）工件装在平口钳上并校平，平口钳不固定。

（2）安装钻头。

（3）不开动钻床，用手柄下移钻头，靠到孔口。

（4）利用钻头的定心作用，用手反向转动钻头，平口钳会自动微移，保证钻头的钻头的轴线与孔的轴线重合。

（5）开启电源，完成倒角。

三、扩孔、锪孔、铰孔

1.扩孔

扩孔是用扩孔工具将工件上原来的孔径扩大的加工方法，如图4-3-2所示。

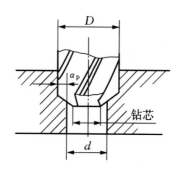

图4-3-2　扩孔

扩孔时背吃刀量（α_p）的计算公式为

$$\alpha_p = \frac{D-d}{2}$$

式中：D——扩孔后的直径（扩孔工具的直径），mm；

　　　d——扩孔前的直径，mm。

扩孔加工同钻孔加工相比背吃刀量小、钻削阻力小、切削条件大为改善；避免了横刃切削时所引起的不良影响；同时产生的铁屑体积小，容易排屑。因此生产效率高、加工拈量好。

扩孔加工尺寸精度一般在IT10～IT9之间，表面粗糙度R_a一般在25～6.3之间，常作为孔的半精加工及铰孔前的预加工。

常用的扩孔方法有：用麻花钻扩孔和利用扩孔钻扩孔。

2.锪孔

锪孔是利用锪钻在孔口表面锪出一定形状的孔或表面的加工方法。

锪钻的种类及加工中的应用如图4-3-3所示。

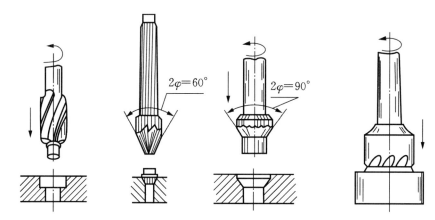

(a)柱形锪钻锪圆柱形孔　　(b)锥形锪钻锪锥形孔　　(c)端面锪钻锪孔口和凸台平面

图4-3-3　锪孔

3.铰孔

铰孔是用铰刀从工件孔壁上切除微量金属层，以获得较高尺寸精度和较小的表面粗糙度值的加工方法。铰孔用的刀具称为铰刀。铰刀是精度较高的定尺寸多刃刀具。由于它的刀齿数量较多、切削余量小，故切削阻力小、导向性好、加工精度高。一般尺寸精度可达IT9～IT7，表面粗糙度R_a值可达1.6。

1）铰刀的组成

铰刀由柄部、颈部和工作部分组成，如图4-3-4所示。工作部分又有切削部分和校准部分。切削部分担负切去铰孔余量的任务。校准部分有棱边，主要起定向、修光孔壁、保证铰孔直径和便于测量等作用。为了减少铰刀和孔壁之间的摩擦，校准部分磨出倒锥量。铰刀齿数一般为6～12齿，为了测量直径方便，多采用偶数齿。

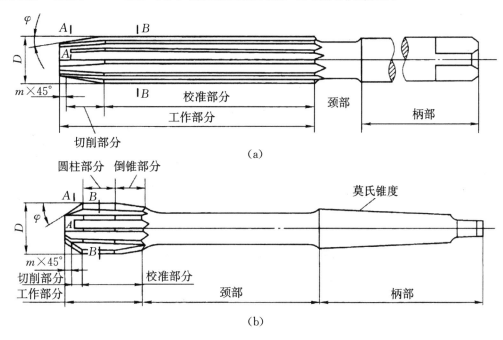

(a)

(b)

图4-3-4　铰刀的组成

2）铰削余量

铰削余量是由上道工序（钻孔或扩孔）留下来在直径方向的加工余量。铰削余量不能太大也不能太小。用高速钢铰刀铰孔，铰削余量见表4-3-2。

表4-3-2　铰削余量

铰孔直径	＜ 5	5～20	21～32	33～50	51～70
铰削余量	0.1～0.2	0.2～0.3	0.3	0.5	0.8

（1）机铰时的进给量（f）。铰削钢件及铸件时，$f = 0.5～1$ mm/r；铰削铜和铝材料时，$f = 1～1.2$ mm/r。

（2）机铰时的切削速度（v）。用高速钢铰刀铰削钢件时，$v = 4～8$ m/min；铰削铸铁件时 $v = 6～8$ m/min；铰削铜件时，$v = 8～12$ m/min。

3）铰孔的操作要点

（1）工件要夹正，可保持操作时铰刀的垂直方向。对薄壁零件的夹紧力不要过大，以免将孔夹扁，产生椭圆变形。

（2）手铰过程中，两手用力要平衡，旋转铰刀的速度要均匀，铰刀不能摇晃，以保持铰削的稳定性，避免在孔口处出现喇叭口或将孔径扩大。

（3）注意变换铰刀每次停歇的位置，以消除铰刀在同一处停歇而形成的振痕。

（4）铰削进给时，不要猛力压铰杠，要随着铰刀的旋转轻轻加压于铰杠，使铰刀缓慢引进孔内并均匀地进给，以保证较低的表面粗糙度。

（5）无论是进刀还是退刀，铰刀不能反转，因为反转会使切屑轧在孔壁和铰刀刀齿的后刀面之间，将孔壁刮毛。同时铰刀容易磨损，甚至崩刃。

（6）铰削钢料时，切削碎末容易黏在刀齿上，要注意经常清除，并用油石修光刀刃，以免孔壁被拉毛。

（7）铰削过程中，如果铰刀被卡住，不能用力搬转铰杠，以防损坏铰刀。此时，应取出铰刀清除切屑和检查铰刀。继续铰削时要缓慢进给，以防在此处再次卡住。

（8）机铰时，要注意机床主轴、铰刀和工件所要铰的孔的同轴性是否符合要求。

（9）机铰时，要在铰刀退出工件后再停车，否则孔壁会留有刀痕，退出时孔会被拉毛。铰通孔时，铰刀的校准部分不能全部出头，否则孔的下端要刮坏，退出时也很困难。

（10）铰刀是精加工刀具，使用完毕后要擦拭干净，涂上机油。特别要保护好刀刃，防止由于硬物碰撞而受损伤。

4）铰孔产生废品的原因分析

产生铰孔质量缺陷的主要原因是切削液选用不当，切削用量选择不当，铰刀的使用不规范，铰削操作不符合操作规程及辅助设备使用不当等。产生废品的原因分析见表4-3-3。

表4-3-3　产生废品的原因分析

废品形式	产生的原因
表面粗糙度达不到要求	（1）铰刀刃口不锋利或者有崩裂，铰刀切削部分和修正部分表面粗糙度值大； （2）切削刃上黏有积屑瘤，容屑槽内切削黏积过多； （3）铰削余量太大或太小； （4）切削速度太高，以致产生积屑瘤； （5）铰刀退出时反转，手铰时铰刀旋转不平衡； （6）切削液不充足或选择不当； （7）铰刀偏摆过大
孔径扩大	（1）铰刀与孔的中心不重合，铰刀偏摆过大； （2）进给量和铰削余量太大； （3）切削速度太高，使铰刀温度上升，直径增大； （4）操作粗心，没有检查铰刀直径和铰孔直径
孔径缩小	（1）铰刀超过磨损标准，尺寸变小仍继续使用； （2）铰削钢料时余量太大，铰好后内孔弹性复原而孔径缩小； （3）铰铸铁时加注煤油
孔中心不直	（1）铰刀前的预加工孔不直，铰小孔时由于铰刀刚性差，不能纠正原有的变形； （2）铰刀的切削锥角太大，导向不良，使铰削时发生偏歪； （3）手铰时两手用力不均匀
多棱形孔	（1）铰削余量太大且刀刃不锋利，发生振动而出现多棱形； （2）钻孔不圆，使铰刀铰孔时发生弹跳现象； （3）钻床主轴振摆太大

4.孔加工方案及复合刀具

1）孔加工方案

只用一种加工方法一般达不到孔表面的设计要求，实际生产中往往由几种加工方法顺序组合，即选用合理的加工方案。

选择孔加工方案时，一般应考虑工件材料、热处理要求、孔的加工精度和表面粗糙度以及生产条件等因素。具体选择可参见表4-3-4。

表4-3-4 孔加工方案

序 号	加工方案	精度等级	表面粗糙度$R_a/\mu m$	适用范围
1	钻	IT12～IT11	12.5	加工未淬火钢、铸铁的实心毛坯及有色金属，孔径小于20 mm
2	钻—铰	IT9～IT8	3.2～1.6	
3	钻—粗铰—精铰	IT8～IT7	1.6～0.8	
4	钻—扩	IT11～IT10	12.5～6.3	加工未淬火钢、铸铁的实心毛坯及有色金属，孔径大于20 mm
5	钻—扩—铰	IT9～IT8	3.2～1.6	
6	钻—扩—粗铰—精铰	IT7	1.6～0.8	
7	钻—扩—机铰—手铰	IT7～IT6	0.4～0.1	

2）孔加工复合刀具

孔加工复合刀具是由两把或两把以上同类或不同类的孔加工刀具组合成一体，同时或按先后顺序完成不同工步加工的刀具，工序集中，可节省基本时间和辅助时间，容易保证各加工表面之间的位置精度。因而可以提高生产率，降低成本。

按工艺类型，孔加工复合刀具可分为同类工艺复合刀具和不同类工艺复合刀具两种，分别如图4-3-5和图4-3-6所示。

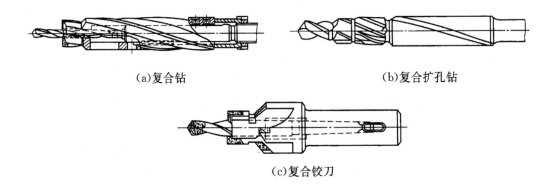

(a)复合钻　　　　　　　　　　(b)复合扩孔钻

(c)复合铰刀

图4-3-5 同类工艺复合刀具

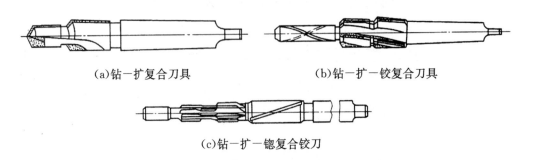

(a)钻—扩复合刀具　　　　　　(b)钻—扩—铰复合刀具

(c)钻—扩—锪复合铰刀

图4-3-6 不同类工艺复合刀具

四、孔加工时的安全生产

（1）操作钻床时不准戴手套，清除切屑时不准用手拿或用嘴吹，并尽量停车清除。

（2）工件要夹紧，孔快钻穿时尽量减少进给力。

（3）开动钻床之前，应检查是否有钻夹头钥匙或斜铁插在钻轴上。

（4）操作钻床时，头部不准与旋转的主轴靠得太近，钻床在变速之前应先停车。

（5）钻通孔时，工件下面必须垫上垫铁或使钻头对准钻床工作台的槽，以免损坏工作台。

（6）清洁钻床或加注润滑油时，必须切断电源。

五、冷却与润滑

切削液的主要作用是冷却和润滑。

钻孔加工一般属于粗加工。由于是半封闭加工，因而摩擦严重，散热困难。在钻孔过程中，加注切削液的主要目的是冷却。因为加工材料和加工要求不一样，所以钻孔时所加的切削液种类和作用也不一样。

在强度较高的材料上钻孔时，为了减少摩擦和阻力，可用硫化切削油。

在塑性、韧性较大的材料上钻孔时，应加强润滑作用。在切削液中可加入适当的动物油和植物油。

钻精度较高的孔时，应选用主要起润滑作用的切削液，如菜油、猪油等。

任务4 工作总结与评价

学习目标

（1）能自信地展示自己的作品，讲述自己作品的优势和特点。

（2）能虚心听取他人的建议，并加以改进。

（3）能对学习与工作进行反思总结，并能与他人开展良好合作，进行有效的沟通。

（4）能写出自己的基本加工过程。

1. 你是如何对钻床进行日常维护保养的？查阅资料，你对钻床的维护保养是否到位？

2. 金属材料领域常用哪些性能指标来衡量材料的力学性能？

3. 检查基准面和相邻面及端面间垂直度的过称中应注意哪些方面？

4. 加工过称中应如何保证小锤子的平行面和垂直面之间的形位公差？

5. 工作总结与评价如表4-4-1所示。

表4-4-1　工作总结与评价

项 目	自我评价	小组评价	教师评价
	1～10	1～10	1～10
	占总评10%	占总评30%	占总评60%
任务1			
任务2			
任务3			
任务4			
纪律			
表述			
态度			
小计			

工作过程：

项目五

正六边形的制作

学习目标

（1）学习分度头划线的方法。

（2）进一步巩固锯削、锉削等钳工基本操作技能。

（3）能正确掌握游标万能角度尺的使用。

（4）进一步熟悉工件形位公差的检测方法。

（5）能正确使用千分尺测量工件。

（6）能正确按照图纸加工零件，并熟练掌握锯削、锉削技能。

学习工作流程

任务1：接收工作任务，明确工作要求。

任务2：知识点和技能点。

任务3：正确制作正六边形。

任务4：工作总结与评价。

任务1 接收工作任务，明确工作要求

学习目标

（1）能按照规定领取工作任务。

（2）能看懂正六边形的图样。

一、学习工作任务

（1）到仓库领取 ϕ45 mm×15 mm的45钢的板料；

（2）根据现场情况选用合适的工量具和设备；

（3）根据要求进行加工，交付检验；

（4）填写生产任务单，清理工作现场，完成工量具、设备的维护和保养。

二、图样

正六边形的图样如图5-1-1所示。

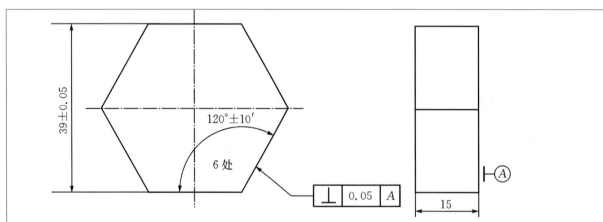

技术要求：

正六边形对面平行度公差为0.05 mm。

名　称	材　料	比　例	件　数
正六边形	45	1：1	1

图5-1-1 正六边形图样

三、根据图样确定所需工具及量具

所需的工量具为：手锯、划针、钢直尺、直角尺、分度头、万能角度尺、高度游标卡尺、千分尺、锉刀等。

四、领取生产任务单

按照规定从保管员处领取生产任务单并签字确认。

生产任务单如下：

正六边形生产任务单

单　　号：＿＿＿＿＿＿＿＿＿　　　　开单时间：＿＿＿年＿＿月＿＿日＿＿时

开单部门：＿＿＿＿＿＿＿＿＿　　　　开 单 人：＿＿＿＿＿＿＿＿＿＿

接 单 人：＿＿＿部＿＿＿组　　　　　签　　名：＿＿＿＿＿＿＿＿＿＿

以下由开单人填写				
序　号	产品名称	材　料	数　量	技术标准、质量要求
1	正六边形	45		按图纸要求
任务细则	（1）到仓库领取相应的材料； （2）根据现场情况选用合适的工量具和设备； （3）根据加工工艺进行加工，交付检验； （4）填写生产任务单，清理工作现场，完成工量具、设备的维护和保养			
任务类型	钳加工		完成工时	
以下由接单人和确认方填写				
领取材料			保管员（签名）	
领取工量具			年　　月　　日	
完成质量 （小组评价）			班组长（签名） 年　　月　　日	
用户意见 （教师评价）			用户（签名） 年　　月　　日	
改进措施 （反馈改良）				

注：此单与零件图样、工序图（加工工艺过程表）一起领取。

学习目标

（1）了解并掌握形位公差的项目符号。

（2）能利用分度头划出正六边形的加工界限。

（3）能正确使用游标万能角度尺测量角度。

（4）能正确使用千分尺测量工件。

一、几何公差的项目名称及符号

1.几何要素

构成零件形体的点、线、面称为零件的几何要素。

2.几何误差和几何公差

零件的几何误差就是关于零件各个几何要素的自身形状、方向、位置、跳动所产生的误差。

零件的几何公差就是对这些几何要素的形状、方向、位置、跳动所提出的精度要求。几何公差可分为形状公差、方向公差、位置公差和跳动公差。几何公差的项目名称及符号见表5-2-1。

表5-2-1 几何公差的项目名称及符号

公差类型	几何特征	符　号
形状公差	直线度	—
	平面度	▱

续表

公差类型	几何特征	符 号
形状公差	圆度	○
	圆柱度	⌀
	线轮廓度	⌒
	面轮廓度	⌓
方向公差	平行度	//
	垂直度	⊥
	倾斜度	∠
	线轮廓度	⌒
	面轮廓度	⌓
位置公差	位置度	⊕
	同心度（用于中心点）	◎
	同轴度（用于轴线）	◎
	对称度	≡
	线轮廓度	⌒
	面轮廓度	⌓
跳动公差	圆跳动	↗
	全跳动	⌰

二、分度头划线

分度头是铣床上等分圆周的附件。钳工常用它来对中、小型工件进行分度和划线。其优点是使用方便，精确度较高。

分度头的结构外形如图5-2-1所示，它主要由主轴、回转体、分度盘、分度叉、基座和侧轴组成。

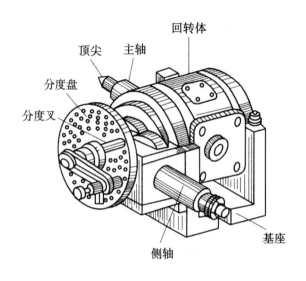

图5-2-1　分度头的结构外形

分度头的传动系统如图5-2-2所示。分度前应将分度盘固定（使之不能转动），再调整插销，使其对准所选分度盘的孔圈。分度时先拔出插销，转动分度手柄，带动主轴转至所需要分度的位置，然后将插销重新插入分度盘中。

分度头的分度原理是：当手柄转动一周，单头蜗杆也转动一周，与蜗杆啮合的40个齿的蜗轮转过一个齿，即转1/40周，被三爪卡盘夹持的工件也转1/40周。如果工件作z等分，则每次分度主轴应转1/z周，分度手柄每次分度应转过的圈数为

$$n=40/z$$

式中：n——分度手柄转数；

　　　　z——工件的等分数。

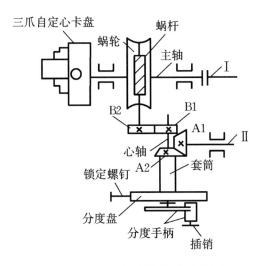

图5-2-2　分度头的传动系统图

【例5-2-1】在工件某一圆周上划出均匀分布的10个孔，试求每划完一个孔的位置后，分度手柄应转过几圈后再划第二个孔的位置。

解　　　　　　　　　　　　$n=40/z=40/10=4$

即每划完一个孔的位置后，分度头手柄应转过4圈再划第二条线。

【例5-2-2】要将一圆板端面进行6等分，求每划完一条线后，分度手柄应转过几圈后再划第二条线。

解
$$n=\frac{40}{z}=\frac{40}{6}=6\frac{6}{4}=6\frac{20}{30}=6\frac{16}{24}$$

由此可见，分度手柄转数有时不是整数。如何使手柄精确地转过4/6周？这时就要用分度盘来进行分度。根据分度盘各孔圈的孔数（见），将分子、分母同时扩大相同的倍数，使扩大后的分母数与分度盘某一孔圈的孔数相同，则扩大的分子数就是分度手柄在该圈上应转过的孔数。根据表5-2-2，将4/6的分子、分母同时扩大倍数，则分度手柄的转数有多种选择。

表5-2-2　分度盘的孔数

分度头形式	分度盘的孔数
带一块分度盘	正面：24，25，28，30，34，37，38，39，41，42，43 反面：46，47，49，51，53，54，57，58，59，62，66
带两块分度盘	第一块正面：24，25，28，30，34，37 第一块反面：38，39，41，42，43 第二块正面：46，47，49，51，53，54 第二块反面：57，58，59，62，66

一般情况下，应尽可能选用孔数较多的孔圈，因为孔数较多的孔圈离轴心较远，摇动比较方便，准确度也比较高。

用分度盘分度时，为使分度准确而迅速，避免每分度一次要数一次孔数，可利用安装在分度头上的分度叉进行计数。分度时应按分度的孔数调整好分度叉，再转动手柄。图5-2-3所示为分度叉的结构及每次分度转5个孔的情况。

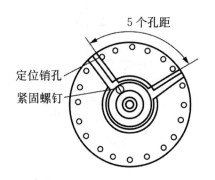

图5-2-3　分度叉的结构

三、万能角度尺

万能角度尺是用来测量工件的内、外角度的量具。其测量精度分为5′和2′两种，测量范围为0°～320°和0°～360°。

1. 万能角度尺的结构

万能角度尺的结构如图5-2-4所示。

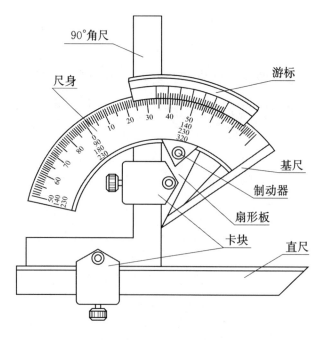

图5-2-4　万能角度尺的结构

这里以测量精度为2′的万能角度尺为例来介绍刻线原理。如图5-2-5所示，尺身共有90个格，每格为1°，游标上共有29个格，其所占的弧长与尺身上30个格的弧长相等，即游标上每格所对应的角度为（29/30）°，尺身每1格与游标的每1格在角度上相差2′。

2.万能角度尺读数方法

万能角度尺读数时，先读出尺身上位于游标0刻度线左侧的整数刻度，然后读出游标上刻度线和尺身刻度线对齐处的数值，把两次的读数相加即为所测角度的数值。

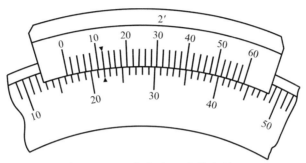

图5-2-5　万能角度尺读数方法

图中万能角度尺的读数为16°+38′=16°38′。

3.万能角度尺的测量范围

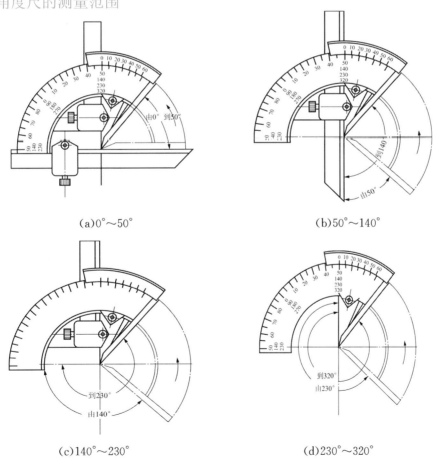

（a）0°～50°　　　　　　（b）50°～140°

（c）140°～230°　　　　　（d）230°～320°

5-2-6　万能角度尺的测量范围

4.使用万能角度尺的注意事项

（1）根据测量工件的不同角度，正确搭配使用直尺和直角尺。

（2）使用前要检查零度，基尺和直尺的贴合面应不漏光，尺身和游标的零线应对齐。

（3）测量时，工件应与万能角度尺的两个测量面在全长上接触良好，避免误差。

四、千分尺

外径千分尺也叫螺旋测微器，是较高精度的量具，用于测量工件的外径、厚度、长度、形状偏差等。它的测量精度为0.01 mm。常用千分尺的测量范围有0～25 mm、25～50 mm、50～75 mm……每隔25 mm为一档，直到300 mm。

1.外径千分尺的结构

外径千分尺的结构如图5-2-7所示。

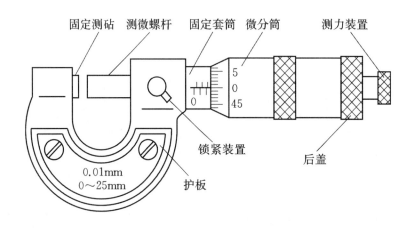

图5-2-7外径千分尺的结构

2.外径千分尺的刻线原理及读数方法

固定套筒上每相邻两线轴向每格长为0.5 mm。测微螺杆的螺距为0.5 mm。当微分筒转一圈时，测微螺杆就移动1个螺距0.5 mm。微分筒的锥面圆周上共等分50格，微分筒每转1格，测微螺杆就移动0.5/50 mm=0.01 mm，所以千分尺的测量精度为0.01 mm。

用外径千分尺测量工件时，读数分三个步骤：

（1）读出固定套筒上露出刻线的整毫米及半毫米数。

（2）看微分筒哪一刻线与固定套筒的基准线对齐，读出不足半毫米的小数部分。

（3）将两次读数相加，即为工件的测量尺寸。

千分尺的读数方法如图5-2-8所示。

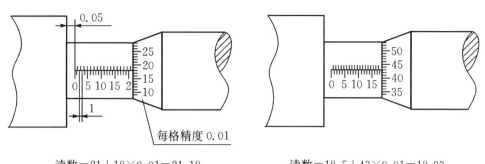

读数＝21＋18×0.01＝21.18   读数＝18.5＋43×0.01＝18.93

图5-2-8 千分尺的读数方法示例

3. 其他类型的千分尺

其他类型的千分尺如图5-2-9所示。

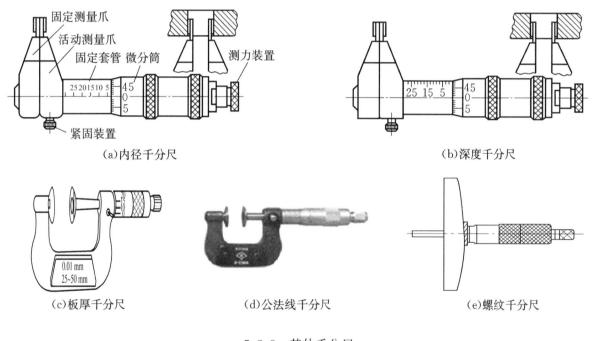

(a)内径千分尺

(b)深度千分尺

(c)板厚千分尺   (d)公法线千分尺   (e)螺纹千分尺

5-2-9 其他千分尺

4. 使用千分尺时的注意事项

（1）测量前应擦净千分尺，将两测量面闭合，检查主副尺0刻线是否重合，若不重合，则在测量后根据原始误差修正读数。

（2）测量时应握住弓架，当测微螺杆即将接触工件时必须使用棘轮，并至打滑1～2圈为止，以保证恒定的测量压力。

（3）工件应准确地放置在千分尺测量面间，不可倾斜。

（4）测量时不应先锁紧螺杆，后用力卡过工件，否则将导致螺杆弯曲或测量面磨

损，因而影响测量准确度。

（5）千分尺只适用于量精确度较高的尺寸，不宜测量粗糙表面。

任务3 正确制作正六边形

学习目标

（1）确定产品的加工过程。

（2）锯削时的一些问题。

（3）工件的检测。

（4）减少锉削误差的方法。

一、正六边形的加工工艺过程

正六边形要求六边的长度尺寸相等、六个角的角度相等以及三对平行面间尺寸相等。要在加工中准确完成以上要求，应严格按照加工工艺操作。合理的加工步骤如表5-3-1所示。

表5-3-1　正六边形的加工工艺过程

序　号	工序内容	工序简图
1	在万能分度头上完成正六边形划线	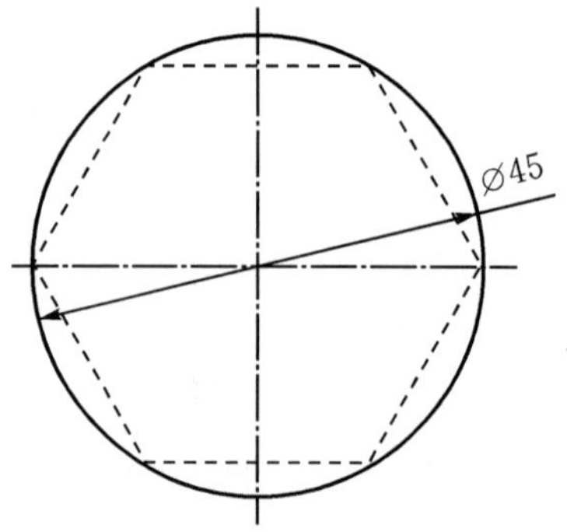 $\varnothing 45$

序　号	工序内容	工序简图
2	加工基准面（第一面）	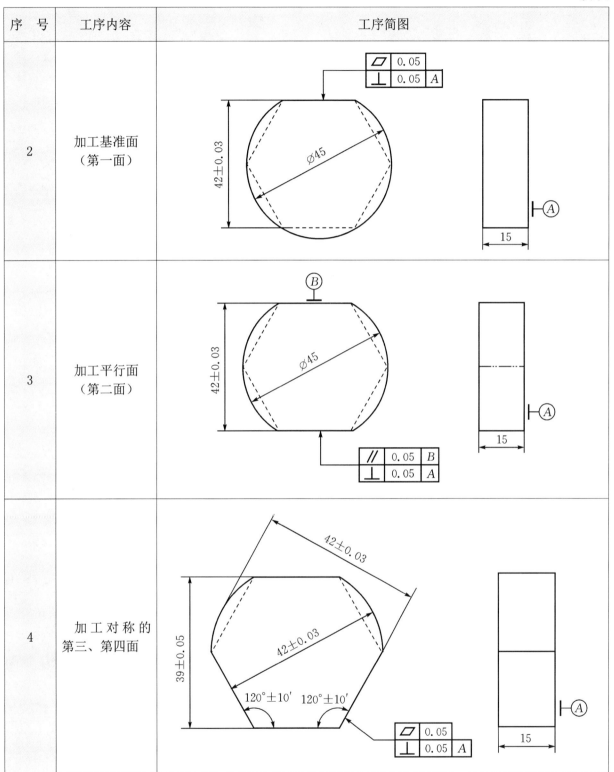
3	加工平行面（第二面）	
4	加工对称的第三、第四面	

续表

序　号	工序内容	工序简图
5	加工第五、第六面	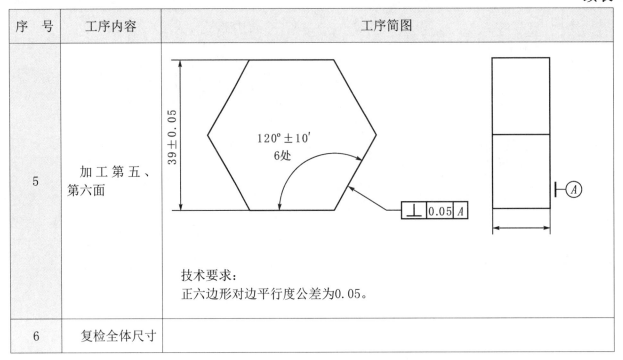 技术要求： 正六边形对边平行度公差为0.05。
6	复检全体尺寸	

二、锯削时的一些问题

1. 保证锯削的直线度

钳工操作耗时长，尤其是锉削效率较低。要减少锉削操作的时间，关键是减少锉削余量，因此要求锯缝位置准确、直线度好。

2. 发生锯缝歪斜的原因

（1）工件安装时，锯缝未能与铅垂线方向保持一致。

（2）锯条安装太松或相对锯弓平面扭曲。

（3）锯削压力太大而使锯条左右偏摆。

（4）锯弓未扶正或用力歪斜。

（5）纠偏只限于歪斜较小时；当偏差较大时无法纠偏，只能掉头锯削，或者从侧面锯削。

避免了以上问题后，再加上锯削时经常注意锯缝与所划线的偏移量，可以在很大程度上保证锯削的直线度。

三、减少平面度锉削误差的方法

当交叉锉完成时，可采用以下方法进行顺向锉来减小平面度误差。

（1）锉刀的锉削面检查：若锉刀的锉削表面有弯曲，可将其凸面向下放置于工件的被加工面上。

（2）锉刀的姿态检验：松开锉刀，锉刀水平放置在工件表面，且不发生晃动。

（3）锉刀的握法：右手满握锉刀柄，左手的食指、中指、无名指微弯，指肚轻按在锉刀上。

（4）锉削：锉刀平缓推出，行程为被锉削面长度的2/3左右。

注意：锉刀推出的过程中，一旦感觉到锉刀有晃动，应立即停止锉削，回到第一步重新进行锉削循环。

（5）收锉：将锉刀置于下一锉削位置。

以上方法的说明如下：

（1）锉削时重复步骤2至5，手可不离开锉刀，但经过上述几次锉削循环后，需要认真执行步骤2的操作，以检验锉刀的姿态是否正确。

（2）待平面上的锉纹均匀一致时，即可进行平面度的检测。

四、几何公差的检验

1. 平面度的检测

平面度的检测如图5-3-1所示。

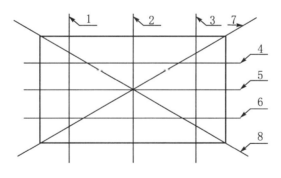

图5-3-1　平面度的检测

2. 垂直度的检测

垂直度的检测如图5-3-2所示。

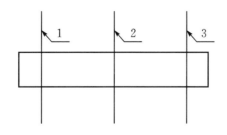

图5-3-2　垂直度的检测

3.平面度和平行度的复合检测

在检测工件平行度的同时，也可以检测其中一个面的平面度（另一个面为基准面或平面度较高的平面）。

如图5-3-3所示，用千分尺依次将工件上9个点的尺寸测出，然后找出最大值和最小值，两者之差若小于所要求的平面度公差，则该平面的平面度合格。

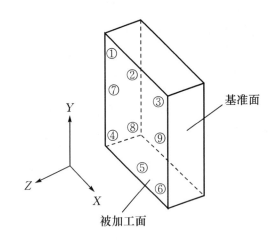

图5-3-3 平面度和平行度的复合检测

任务4 工作总结与评价

学习目标

（1）能自信地展示自己的作品，讲述自己作品的特点。

（2）能虚心听取他人的建议，并加以改进。

（3）能对学习与工作进行反思总结，并能与他人开展良好合作，进行有效的沟通。

（4）能写出自己的基本加工过程。

1.简要总结按照任务3给定的加工顺序进行加工，对保证产品的精度和质量有什么意义？若改变加工顺序会产生怎样的影响？

2.通过执行这个加工任务，你明白生产企业为什么在执行新的加工任务之前都要制定详细的加工方案和工作计划了吗？简述理由。

3.简要叙述锉削时的安全注意事项。

4.钻头刃磨需要注意哪些安全事项？

5. 评价与分析表见表5-4-1。

表5-4-1　评价与分析表

项　目	自我评价 1～10 占总评10%	小组评价 1～10 占总评30%	教师评价 1～10 占总评60%
任务1			
任务2			
任务3			
任务4			
纪律			
表述			
态度			
小计			

工作过程：

项目六

V形块的制作

学习目标

（1）了解錾削加工的基本知识，熟悉錾削工具的使用方法，掌握平面錾削的操作技能。

（2）了解刮削加工的基本知识，熟悉刮削工具的使用方法，掌握平面刮削的操作技能。

（3）了解研磨加工的基本知识，熟悉研磨工具的使用方法，掌握研磨的操作技能。

（4）掌握刮削精度检验的方法。

（5）了解錾子的热处理工艺。

（6）能正确按照图纸加工零件，并掌握錾削、刮削及研磨加工的技能。

学习工作流程

任务1：接收工作任务，明确工作要求。

任务2：知识点和技能点。

任务3：正确制作V形块。

任务4：工作总结与评价。

学习目标

（1）能按照规定领取工作任务。

（2）能看懂V形块的图样。

一、学习工作任务

（1）到仓库领取95 mm×95 mm×35 mm的板料；

（2）根据现场情况选用合适的工量具和设备；

（3）根据要求进行加工，交付检验；

（4）填写生产任务单，清理工作现场，完成工量具、设备的维护和保养。

二、V形块图样

V形块的图样如图6-1-1所示。

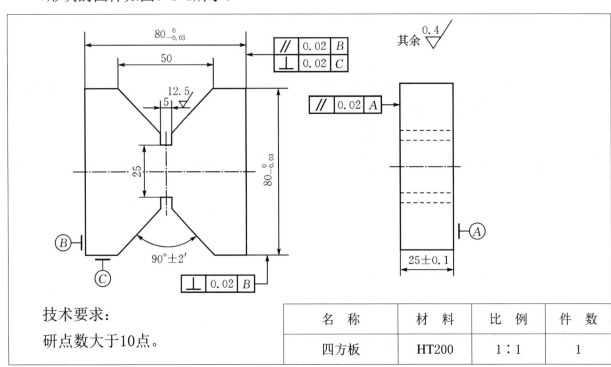

技术要求：

研点数大于10点。

名 称	材 料	比 例	件 数
四方板	HT200	1：1	1

图6-1-1 V形块的图样

三、根据图样确定所需工具及量具

因为本工件为粗加工，涉及到毛坯加工余量较多，所以主要是以锉削为主，所需的工量具为錾子、锉刀、刮刀、锤子、研具、千分尺、直角尺等。

四、领取任务单

按照规定从保管员处领取生产任务单并签字确认。

生产任务单如下：

V形块生产任务单

单　　号：＿＿＿＿＿＿＿＿＿＿　　　　开单时间：＿＿＿年＿＿月＿＿日＿＿时

开单部门：＿＿＿＿＿＿＿＿＿＿　　　　开　单　人：＿＿＿＿＿＿＿＿＿＿＿＿

接单人：＿＿＿部＿＿＿组＿＿＿　　　　签　　名：＿＿＿＿＿＿＿＿＿＿＿＿

以下由开单人填写				
序　号	产品名称	材　料	数　量	技术标准、质量要求
1	V形块	HT200		按图纸要求
任务细则	（1）到仓库领取相应的材料； （2）根据现场情况选用合适的工量具和设备； （3）根据加工工艺进行加工，交付检验； （4）填写生产任务单，清理工作现场，完成工量具、设备的维护和保养			
任务类型	钳加工		完成工时	
以下由接单人和确认方填写				
领取材料			保管员（签名）	
领取工量具			年　　　月　　　日	
完成质量 （小组评价）			班组长（签名） 年　　　月　　　日	
用户意见 （教师评价）			用户（签名） 年　　　月　　　日	
改进措施 （反馈改良）				

注：此单与零件图样、工序图（加工工艺过程表）一起领取。

任务2 知识点和技能点

学习目标

（1）了解錾削加工的基本知识，熟悉錾削工具的使用方法，掌握平面錾削的操作技能。

（2）了解刮削加工的基本知识，熟悉刮削工具的使用方法，掌握刮削的操作技能。

（3）了解研磨加工的基本知识，熟悉研磨工具的使用方法，掌握研磨的操作技能。

（4）了解錾子的热处理工艺。

一、錾削

1. 錾削概述

錾削是利用手锤敲击錾子对工件进行切削加工的一种工作。錾削工作主要用于不便于机械加工的场合。它的工作内容包括去除凸缘、毛刺，分割材料，錾油槽等，有时也用作较小表面的粗加工，如图6-2-1所示。

图6-2-1　錾削

2. 錾削的主要工具

1）錾子

錾子是錾削中所使用的主要工具，一般由碳素工具钢锻成，切削部分磨成所需的楔形后，经热处理便能满足切削要求。

錾子的形状是根据工件不同的錾削要求而设计的。模具钳工常用的錾子有扁平錾、尖錾和油槽錾三种类型，如图6-2-2所示。

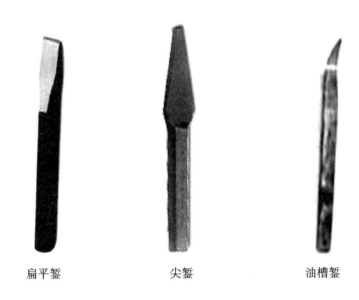

| 扁平錾 | 尖錾 | 油槽錾 |

图6-2-2　錾子的类型

2）錾子的切削原理

用錾子切削金属，必须具备两个基本条件：一是錾子切削部分材料的硬度应该比被加工材料的硬度大；二是錾子切削部分要有合理的几何角度，主要是楔角（β_0）。材料与楔角选用见表6-2-1。

表6-2-1　材料与楔角选用表

材　　料	楔角范围
中碳钢、硬铸铁等硬材料	$60°\sim70°$
一般碳素结构钢、合金结构钢等中等硬度材料	$50°\sim60°$
低碳钢、铜、铝等软材料	$30°\sim50°$

錾削时，錾子与工件之间应形成适当的切削角度。錾子在錾削时的几何角度如图6-2-3所示。

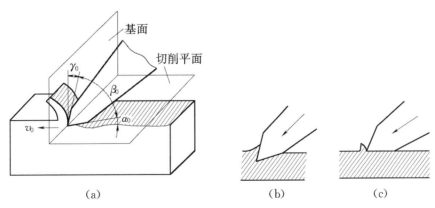

(a)　　　　　　　(b)　　　　　　　(c)

图6-2-3　錾削时的角度及后角的大小对錾削的影响

3）錾子的热处理和刃磨

（1）錾子的热处理如图6-2-4所示。錾子多用碳素工具钢（T8或T10）锻造而成，并经热处理淬硬和回火处理，使錾刃具有一定的硬度和韧度。淬火时，先将錾刃处长约20 mm部分加热呈暗橘红色（750～780 ℃），然后将錾子垂直地浸入水中冷却，浸入深度为5～6 mm，并将錾子沿水面缓缓移动几次，待錾子露出水面的部分冷却成棕黑色（520～580 ℃），将錾子从水中取出；接着观察錾子刃部的颜色变化情况，錾子刃部刚出水时呈

錾子图6-2-4 錾子的热处理

白色，当由白色变黄，又变成带蓝色时，就把錾子全部浸入刚才淬火的水中，搅动几下后取出，紧接着再全部浸入水中冷却。经过热处理后的錾子刃部HRC一般可达到55左右，錾身HRC能达到30～40。从开始淬火到回火处理完成，只有十几秒钟的时间，尤其在錾子变色过程中，要认真仔细地观察，掌握好火候。如果在錾子刚出水，由白色变成黄色时就把錾子全部浸入水中，这样经热处理的錾子虽然硬度稍为高些，但它的韧度却要差些，使用中容易崩刃。

（2）錾子的刃磨如图6-2-5所示。

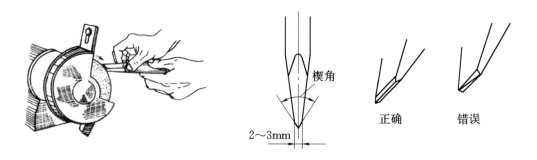

楔角

2～3mm

正确　错误

图6-2-5　錾子的刃磨

4)锤子

在錾削时是借手锤的锤击力而使錾子切入金属的，手锤是錾削工作中不可缺少的工具，而且还是钳工装、拆零件时的重要工具。锤子的常见形状如图6-2-6所示。锤子由锤头和木柄等组成。

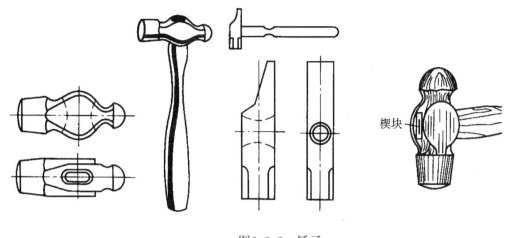

楔块

图6-2-6　锤子

各种手锤均由锤头和锤柄两部分组成。手锤的规格是根据锤头的重量来确定的，钳工所用的硬手锤有0.25 kg、0.5 kg、0.75 kg、1 kg等（在英制中有0.5磅、1磅、1.5磅、2磅等几种）。

3. 錾削操作技能

1）錾子和锤子的握法

（1）錾子的握法。由于錾切方式和工件的加工部位不同，所以手握錾子和挥锤的方法也有区别。图6-2-7所示为錾切时三种不同的握錾方法，正握法如（a）图所示，錾切较大平面和在台虎钳上錾切工件时常采用这种提法；反握法如（b）图所示，錾切工件的侧面和进行较小加工余量錾切时，常采用这种握法；立握法如（c）图所示，由上向下錾切板料和小平面时，多使用这种握法。

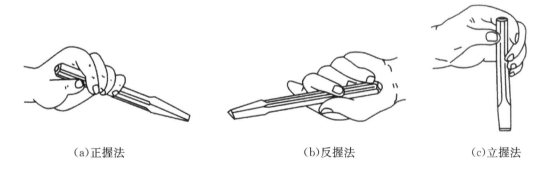

(a)正握法　　　　　　　　　　(b)反握法　　　　　　　　　　(c)立握法

图6-2-7　錾子的握法

（2）锤子的握法。锤子的握法分紧握锤和松握锤两种，如图6-2-8所示。紧握法如（a）图所示，用右手食指、中指、无名指和小指紧握锤柄，锤柄伸出15～30 mm，大拇指压在食指上。松握法，如（b）图所示，只有大拇指和食指始终握紧锤柄。锤击过程中，当锤子打向錾子时，中指、无名指、小指一个接一个依次握紧锤柄。挥锤时以相反的次序放松，此法使用熟练可增加锤击力。

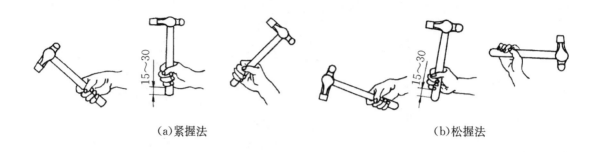

（a）紧握法 　　　　　　　　　　　　　（b）松握法

图6-2-8　锤子的握法

2）挥锤的方法

挥锤的方法有手挥、肘挥和臂挥三种，如图6-2-9所示。

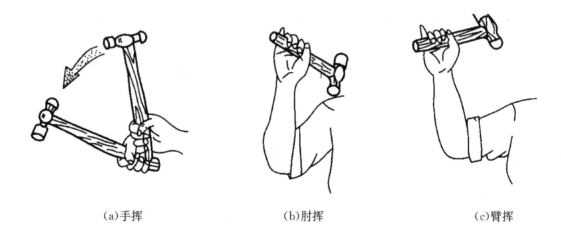

（a）手挥　　　　　　　　　（b）肘挥　　　　　　　　　（c）臂挥

图6-2-9　挥锤的方法

3）錾削的姿势

錾削时，两脚互成一定角度，左脚跨前半步，右脚稍微朝后，如图6-2-10（a）所示，身体自然站立，重心偏于右脚。右脚要站稳，右腿伸直，左腿膝关节应稍微自然弯曲。眼睛注视錾削处，以便观察錾削的情况，而不应注视锤击处。左手捏錾使其在工件上保持正确的角度，右手挥锤，使锤头沿弧线运动，进行敲击，如图6-2-10（b）所示。

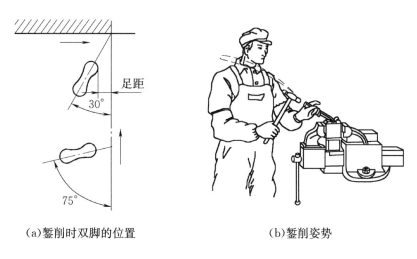

（a）錾削时双脚的位置　　（b）錾削姿势

图6-2-10　錾削的姿势

4.各种工件的錾削技能

各种工件的錾削技能如图6-2-11所示。

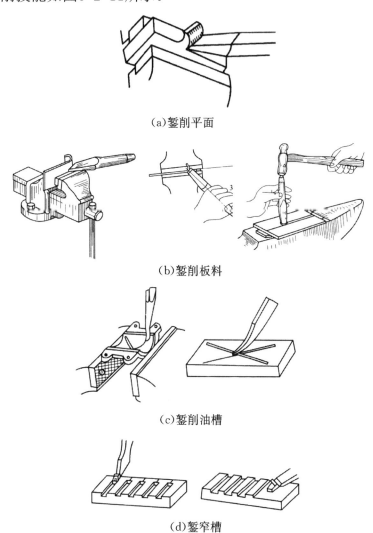

（a）錾削平面

（b）錾削板料

（c）錾削油槽

（d）錾窄槽

图6-2-11

二、刮削

模具钳工在对标准精度平板磨损后进行修复时，可采用刮削使其恢复精度。

1.刮削概述

1）刮削原理

将工件与基准件（如标准平板、校准平尺或已加工过的相配件）互相研合，通过显示剂显示出表面上的高点、次高点，然后用刮刀削掉高点、次高点。再互相研合，把又显示出的高点、次高点刮去，经反复多次研刮，从而使工件表面获得较高的几何形状精度和表面接触精度，如图6-2-12所示。

图6-2-12 刮削

2）刮削的特点和作用

（1）在刮削过程中，工件表面多次受到具有负前角的刮刀的推挤和压光作用，使工件表面的组织变得紧密，并在表面产生加工硬化，从而提高了工件表面的硬度和耐磨性。

（2）刮削是间断的切削加工，具有切削量小、切削力小的特点，这样就可避免工件在机械加工中的振动和受热、受力变形，提高了加工质量。

（3）刮削能消除高低不平的表面，减小表面粗糙度，提高表面接触精度，保证工件达到各种配合的要求。因此，它广泛应用于机床导轨等滑行面、滑动轴承的接触面、工具的工作表面及密封用配合表面等的加工和修理工作中。

（4）刮削后的工件表面，形成了比较均匀的微浅凹坑，具有良好的存油条件，从而可改善相对运动件之间的润滑状况。

3）刮削余量

刮削是一项繁重的手工操作，每刀刮削的量又很少，因此刮削余量不能太大，应以能消除上道工序所残留的几何形状误差和切削痕迹为准，过多或过少都会造成浪费工时、增加劳动强度或达不到加工质量的要求。刮削余量一般为0.05～0.40 mm，具体数值见表6-2-2或依据经验来确定。在确定刮削余量时，应考虑以下因素：

（1）工件面积大时；

（2）刮削前加工误差大时余量大；

（3）工件刚性差易变形时余量取大些。

表6-2-2　刮削余量

mm

平面的刮削余量					
平面宽度	平面长度				
	100～500	500～1000	1000～2000	2000～4000	4000～6000
<100	0.10	0.15	0.20	0.25	0.30
100～500	0.15	0.20	0.25	0.30	0.40

孔的刮削余量			
孔　径	平面长度		
	<100	100～200	200～300
<80	0.05	0.08	0.12
80～180	0.10	0.15	0.25
180～360	0.15	0.20	0.35

4）刮削的种类

刮削分平面刮削和曲面刮削两种，见图6-2-13。

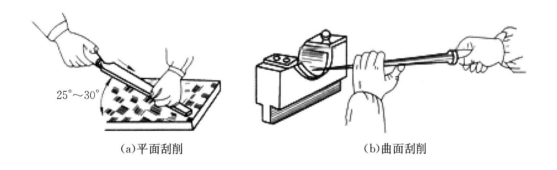

25°～30°

（a）平面刮削　　　　　　　　　　（b）曲面刮削

图6-2-13　刮削的种类

2. 刮削工具

1）刮刀

常见的刮刀有平面刮刀和曲面刮刀，如图6-2-14所示。

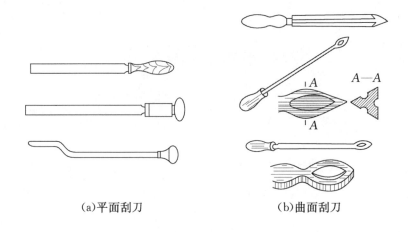

(a)平面刮刀　　　　　　　　(b)曲面刮刀

图6-2-14　刮刀

2）校准工具

校准工具如图6-2-15所示。

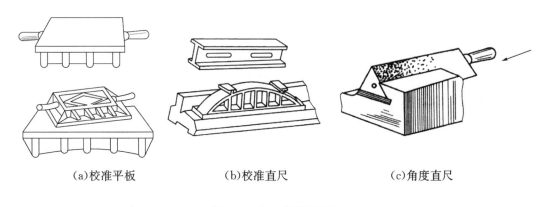

(a)校准平板　　　　　　　(b)校准直尺　　　　　　　(c)角度直尺

图6-2-15　校准工具

3. 显示剂

工件和校准工具对研时，所加的涂料称为显示剂，其作用是显示工件误差的位置和大小。

1）显示剂的种类

红丹粉：红丹粉分铅丹（氧化铅，呈桔红色）和铁丹（氧化铁，呈红褐色）两种，颗粒较细，用机油调和后使用，广泛用于钢和铸铁工件。

蓝油：蓝油是用蓝粉和蓖麻油及适量机油调和而成的，呈深蓝色，其研点小而清楚，多用于精密工件和有色金属及其合金的工件。

2）显示剂的用法

刮削时，显示剂可以涂在工件表面上，也可以涂在校准件上。前者在工件表面显示的结果是红底黑点，没有闪光，容易看清，适用于精刮时选用。后者只在工件表面的高处着色，研点暗淡，不易看清，但切屑不易粘附刀刃上，刮削方便，适用于粗刮时选用。

在调和显示剂时应注意：粗刮时，可调得稀些，这样在刀痕较多的工件表面上，便于涂抹，显示的研点也大；精刮时，应调得干些，涂抹要薄而均匀，这样显示的研点细小，否则，研点会模糊不清。

3）显点方法

显点方法应根据不同形状和刮削面积的大小有所区别。平面与曲面的显点方法如图6-2-16所示。

图6-2-16　显点方法

4）刮削精度的检验

刮削精度包括尺寸精度、形位精度、接触精度、配合间隙及表面粗糙度等。接触精度常用25 mm×25 mm正方形方框内的研点数检验。各种平面接触精度研点数如表6-2-3所示。

表6-2-3　刮削精度的检验

平面种类	每25 mm×25 mm内的研点数	应　　用
一般平面	2～5	较粗糙机件的固定结合面
	>5～8	一般结合面
	>8～12	机器台面、一般基准面、机床导向面、密封结合面
	>12～16	机床导轨及导向面、工具基准面、量具接触面
精密平面	>16～20	精密机床导轨、直尺
	>20～25	1级平板、精密量具
超精密平面	>25	0级平板、高精度机床导轨、精密量具

曲面刮削中，常见的滑动轴承的研点数如表6-2-4所示。

表6-2-4　常见的滑动轴承的研点数

mm

轴承直径	机床或精密机械主轴轴承			锻压设备和通用机械的轴承		动力机械和冶金设备的轴承	
	高精度	精密	普通	重要	普通	重要	普通
	每25 mm×25 mm内的研点数						
≤120	25	20	16	12	8	8	5
>120		16	10	8	6	6	2

三、研磨

在模具制造中，研磨主要用于表面粗糙度值要求很低，磨石磨削又难以达到要求的压铸模和塑料模表面。模具钳工的研磨一般都是手工操作。

1. 研磨概述

研磨是使用研磨工具（研具）和研磨剂，从工件表面上磨掉一层极薄的金属，使工件达到精度的尺寸、准确的几何形状和很小的表面粗糙度的加工方法，如图6-2-17所示。

1）研磨的基本原理

研磨是一种微量的金属切削运动，包含着物理和化学的综合作用。

（1）细化表面粗糙度。一般情况下表面粗糙度R_a为1.6～0.1μm，最小可达到0.012μm。

（2）能达到精确的尺寸。通过研磨后的工件尺寸精度可以达到0.001～0.005 mm。

（3）提高零件几何形状的准确性。工件在机械加工中产生的形状误差，可以通过研磨的方法校正。

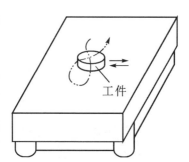

图6-2-17　研磨

由于经过研磨后的工件表面粗糙度很小，所以工件的耐蚀性、抗腐蚀能力和抗疲劳强度也相应得到提高，从而延长了零件的使用寿命。

2）研磨余量

研磨的切削量很小，一般每研磨一遍所能磨去的金属层不能超过0.002 mm，所以研磨余量不能太大，否则会使研磨时间增加，并且研磨工具的使用寿命也要缩短。通常研磨余量在0.005～0.03 mm范围内比较适宜，有时研磨余量保留在工件的公差以内。

研磨余量应根据如下主要方面来确定：工件的研磨面积及复杂程度，零件的精度要求，零件是否有工装及研磨面的相互关系等。

2. 研具

在研磨加工中，研具是保证研磨工件几何形状正确的主要因素，因此对研具的材料和几何精度要求较高，而表面粗糙度值要小。

1）研具的材料

研具的材料应满足如下技术要求：材料的组织要细致均匀，要有很高的稳定性和耐磨性，具有较好的嵌存磨料的性能，工作面的硬度应比工件表面硬度稍软。

常用的研具材料有如下几种：

（1）灰铸铁：有润滑性好，磨耗较慢，硬度适中，研磨剂在其表面容易涂布均匀等优点，是一种研磨效果较好、价廉易得的研具材料，因此得到广泛的应用。

（2）球墨铸铁：比一般灰铸铁更容易嵌存磨料，且更均匀、牢固、适度，同时还能增加研具的耐用度。采用球墨铸铁制作研具已得到广泛应用，尤其用于精密工件的研磨。

（3）软钢：韧性较好，不容易折断，常用来制作小型的研具，如研磨螺纹和小直径工具、工件等。

（4）铜：性质较软，表面容易被磨料嵌入，适于制作研磨软钢类工件的研具。

2）研具的类型

生产中需要研磨的工件是多种多样的，不同形状的工件应用不同类型的研具。常用的研具有以下几种：

（1）研磨平板：主要用来研磨平面，如研磨块规、精密量具的平面等，它分有槽的和光滑的两种，如图6-2-18所示。有槽的研磨平板用于粗研，研磨时易于将工件压平，可防止将研磨面磨成凸弧面；精研时，则应在光滑的平板上进行。

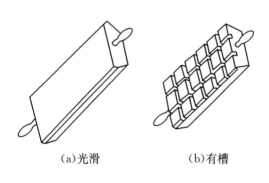

(a)光滑　　　　　　(b)有槽

图6-2-18　研磨平板

（2）研磨环：主要用来研磨外圆柱表面。研磨环的内径应比工件的外径大0.025～0.05 mm，其结构如图6-2-19所示。当研磨一段时间后，若研磨环内孔磨大，则拧紧调节螺钉3，可使孔径宿小，以达到所需间隙，如所示的研磨环，孔径的调整则靠右侧的螺钉。

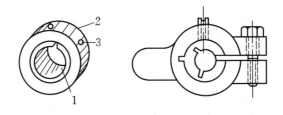

图6-2-19　研磨环

（3）研磨棒：主要用于圆柱孔的研磨，有固定式和可调式两种，如图6-2-20所示。

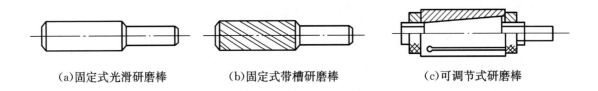

（a）固定式光滑研磨棒　　　　（b）固定式带槽研磨棒　　　　（c）可调节式研磨棒

图6-2-20　研磨棒

固定式研磨棒制造容易，但磨损后无法补偿，多用于单件研磨或机修中。对工件上某一尺寸孔径的研磨，需要两三个预先制好的有粗、半精、精研磨余量的研磨棒来完成，有槽的用于粗研，光滑的用于精研。

3. 研磨剂

研磨剂是由磨料和研磨液调和而成的混合剂。

1）磨料

磨料是一种粒度很小的粉状硬质材料，在研磨中起切削作用，研磨加工的效率和精度都与磨料有直接的关系。常用的磨料如表6-2-5所示

表6-2-5　磨料

系　列	磨料名称	代号	特　性	适用范围
氧化铝系	棕刚玉	A	棕褐色，硬度高，韧性大，价格便宜	粗、精研磨钢，铸铁和黄铜
	白刚玉	WA	白色，硬度比棕刚玉高，韧性比棕刚玉差	精研磨淬火钢、高速钢、高碳钢及薄壁零件
	铬刚玉	PA	玫瑰红或紫红色，韧性比白刚玉高，磨削粗糙度值低	研磨量具、仪表零件
	单晶刚玉	SA	淡黄色或白色，硬度和韧性比白刚玉高	研磨不锈钢、高钒高速钢等强度高、韧性大的材料

系　　列	磨料名称	代号	特　　性	适用范围
碳化物系	黑碳化物	C	黑色有光泽，硬度比白刚玉高，脆而锋利，导热性和导电性良好	研磨铸铁、黄铜、铝、耐火材料及非金属材料
	绿碳化物	GC	绿色，硬度和脆性比黑碳化硅高，具有良好的导热性和导电性	研磨硬质合金、宝石、陶瓷、玻璃等材料
	碳化硼	BC	灰黑色，硬度仅次于金刚石，耐磨性好	粗研磨和抛光硬质合金、人造宝石等硬质材料
金刚石系	人造金刚石	JR	无色透明或淡黄色、黄绿色、黑色，硬度高，比天然金刚石略脆，表面粗糙	粗、精研磨硬质合金、人造宝石、半导体等高硬度脆性材料
	天然金刚石	JT	硬度最高，价格昂贵	
其他	氧化铁		红色至暗红色，比氧化铬软	精研磨或抛光钢、玻璃等材料
	氧化铬		深绿色	

磨料的粗细用粒度表示，有磨粒、磨粉和微粉三个组别。其中，磨粒和磨粉的粒度以号数表示，一般是在数字的右上角加"#"表示，如$100^{\#}$、$240^{\#}$等。这类磨料系用过筛法取得，粒度号为单位面积上筛孔的数目。因此，号数大，磨料细；号数小，磨料粗。而微粉的粒度则是用微粉尺寸（mm）的数字前加"W"表示，如W10、W15等。此类磨料系采用沉淀法取得，号数大，磨料粗；号数小，磨料细。

2）研磨液

研磨液在加工过程中起调和磨料、冷却和润滑的作用，它能防止磨料过早失效和减少工件（或研具）的发热变形。常用的研磨液有煤油、汽油、10号和20号机械油、淀子油。

4.研磨的方法

研磨有平面研磨、圆柱面研磨和圆锥面研磨。

（1）工件平面的研磨是在光滑平整的研磨平板上进行的，如图6-2-21所示。

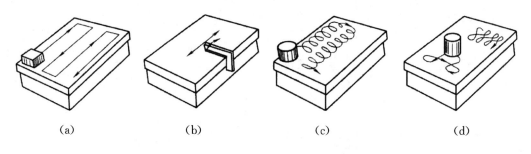

(a)   (b)   (c)   (d)

图6-2-21　平面研磨

（2）圆柱研磨如图6-2-22所示。

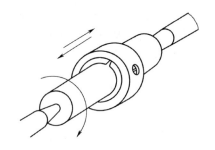

图6-2-22　圆柱研磨

（3）研磨圆锥面时，必须使用和工件具有同样锥度的研磨棒和研磨环，如图6-2-23所示。

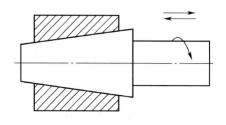

图6-2-23　圆锥面研磨

任务3 正确制作V形块

（1）能正确按照图纸加工零件。

（2）掌握錾削、刮削及研磨加工的技能。

（3）掌握刮削精度检验的方法。

一、V形块的加工工艺过程

V形块的加工工艺过程如表6-3-1所示。

表6-3-1　V形块的加工工艺过程

序　号	工序内容	工序简图
1	来料检查。95 mm× 95 mm×35 mm	
2	錾削大平面Ⅰ，保证平面度公差0.1 mm	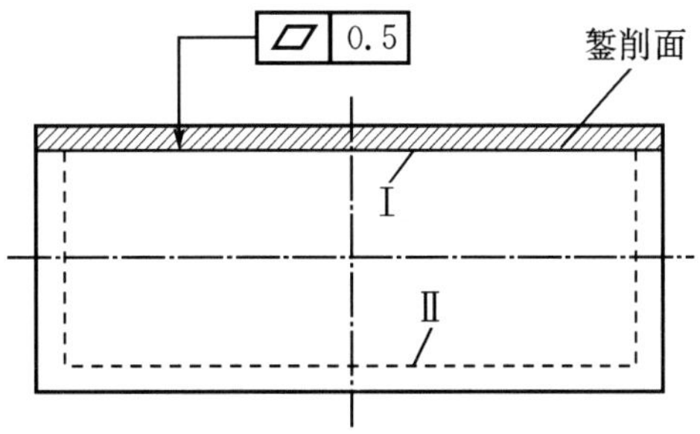 錾削面 ⬜ 0.5 Ⅰ Ⅱ
3	划线，以大平面Ⅰ为粗基准，划尺寸27 mm加工线	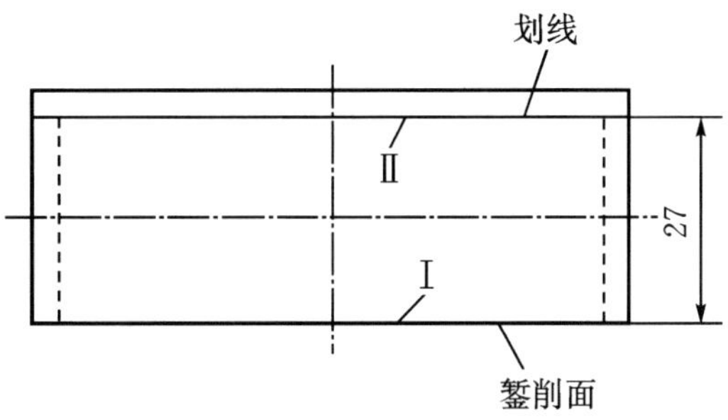 划线 Ⅱ 27 Ⅰ 錾削面

续表

序 号	工序内容	工序简图
4	錾削大平面Ⅱ，保证尺寸27 mm，平面度公差为0.5 mm，对基准Ⅰ的平行度公差为1 mm	
5	錾削侧面1，保证平面度公差0.5 mm，对大平面Ⅰ的垂直度公差为0.7 mm	
6	以侧面1为粗基准划尺寸87 mm加工界线，錾削对面2，保证尺寸87 mm，平面度公差为0.5 mm，对大平面Ⅰ的垂直度公差为0.7 mm，对侧面1的平行度公差为1 mm	

序　号	工序内容	工序简图
7	鏨削侧面4，保证平面度公差0.5 mm，对大平面Ⅰ的垂直度公差为0.7 mm，对侧面1的垂直度公差为0.8 mm	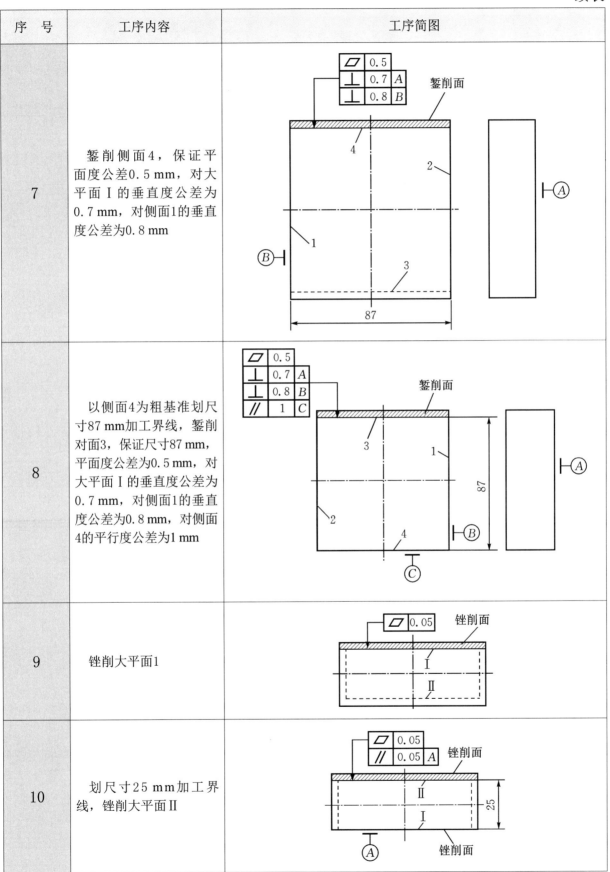
8	以侧面4为粗基准划尺寸87 mm加工界线，鏨削对面3，保证尺寸87 mm，平面度公差为0.5 mm，对大平面Ⅰ的垂直度公差为0.7 mm，对侧面1的垂直度公差为0.8 mm，对侧面4的平行度公差为1 mm	
9	锉削大平面1	
10	划尺寸25 mm加工界线，锉削大平面Ⅱ	

续表

序 号	工序内容	工序简图
11	锉削侧面1	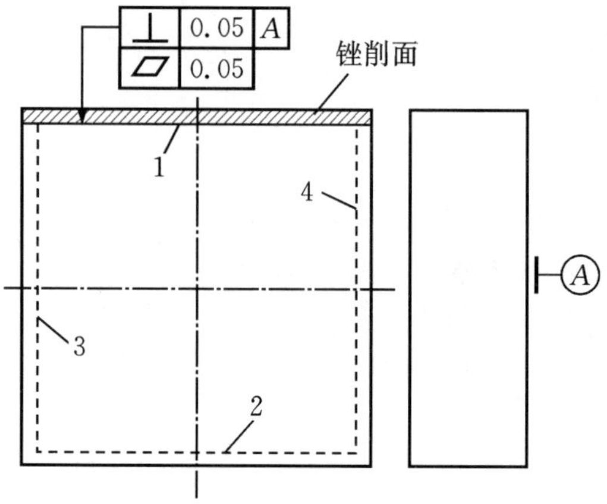
12	以侧面1为基准，划尺寸80 mm加工界线。锉削侧面2	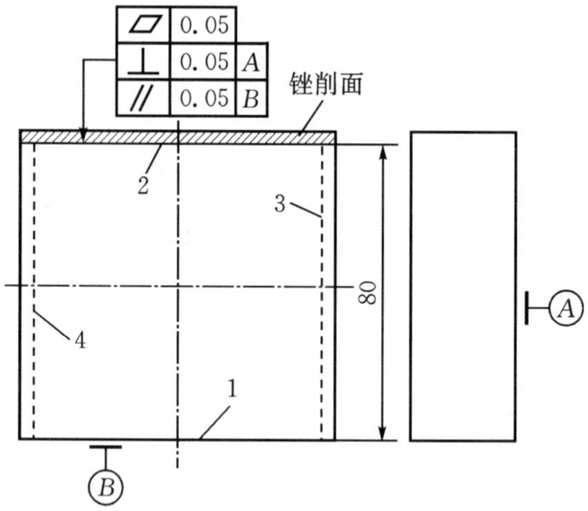
13	锉削侧面4	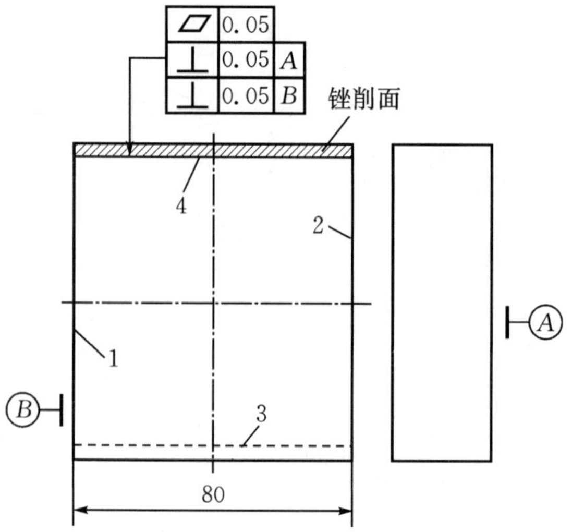

112

序　号	工序内容	工序简图
14	以侧面4为基准，划尺寸80 mm加工界线。锉削侧面3	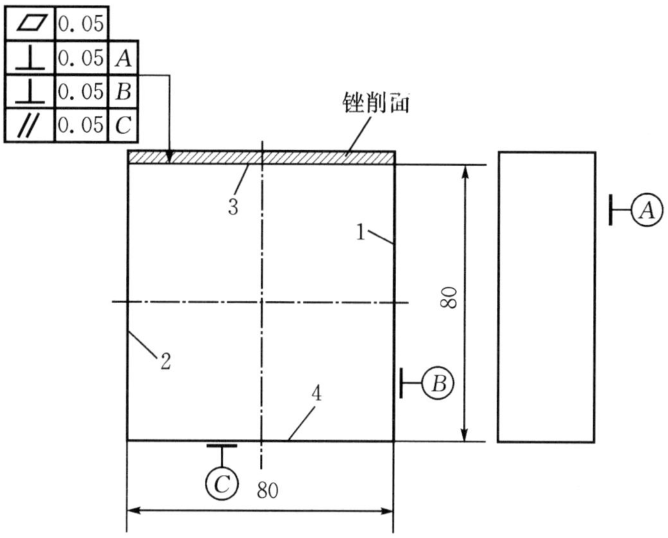
15	划V形线和5 mm的退刀槽线	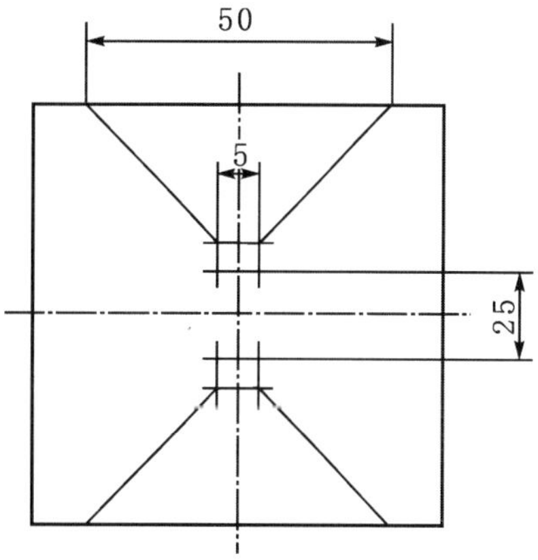
16	锯削出V形面，锯出5 mm退刀槽两侧面	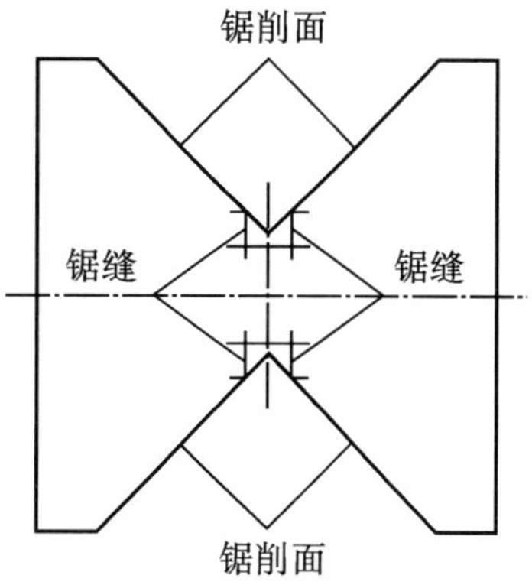

序 号	工序内容	工序简图
17	錾削退刀槽	錾削面 錾削面
18	锉削V形面，保证尺寸50 mm和角度90°	锉削面 锉削面
19	刮削（除V形面外）	80±0.02　　50　　12.5　　5　　25　　80±0.02　　25　　90°±2′　　其余 0.8 // 0.03 B　⊥ 0.03 C　// 0.03 A　⊥ 0.03 B　B　C　A

序　号	工序内容	工序简图
20	研磨（除V形面外）	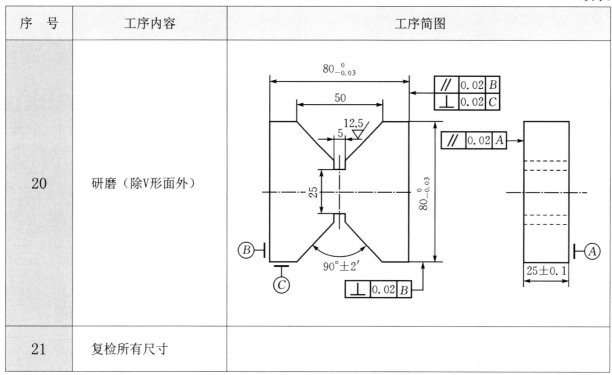
21	复检所有尺寸	

1. 錾削时的废品分析

錾削过程中常见的废品及其产生的原因分析见表6-3-2。

表6-3-2　錾削废品及其产生的原因分析

錾削废品	产生原因分析
工件錾削表面过分粗糙，后道工序已无法去除其錾削的痕迹	操作不熟练，用力过猛
工件上棱角的崩裂或缺损	用力过猛而錾坏整个工件
錾过了尺寸界线	錾不准或錾削中不注意
夹持表面损坏	工件夹持不恰当

2. 安全生产

（1）錾子刃磨时，人应站在砂轮机的斜侧位置并戴好防护眼镜。刃磨时对砂轮不能施加太大的压力，不允许用棉纱裹住錾子进行刃磨。

（2）錾削时应设立防护网以防切屑飞出伤人。切屑要用刷子刷掉，不得用手擦或用嘴吹。

（3）錾子头部、柄部和手锤头部都不应沾油，以防打滑。发现手锤木柄有松动或损坏时，要立即装牢或更换，以免锤头脱落，飞出伤人。

（4）錾子头部有明显的毛刺时要及时磨掉，避免碎裂伤人。

三、刮削中应注意的一些问题

1.刮削时的注意事项

（1）刮削前需将工件倒角。

（2）根据平面度和平行度检测结果，刮削时先从平面的外凸位置处进行。

（3）刮削速度和锉削速度相似，不得过大。

（4）细刮刀需经常修磨。

2.常见的刮削面缺陷和产生的原因

刮削是一种精密加工，每刀去除余量较少，不易产生废品。常见的刮削面缺陷及其产生的原因如表6-3-3所示。

表6-3-3　刮削面缺陷及其产生的原因

缺　陷	特　征	产 生 原 因
深凹痕	刮削面研点局部稀少或刀痕与显示研点高低相差太多	①粗刮时用力不均，局部落刀太重或多次刀痕重叠； ②刀刃过大弧形
撕　痕	刮削面上有粗糙的条状刮痕，较正常刀痕深	刀刃不光洁、不锋利或刀刃有缺口、裂纹
振　痕	刮削面上出现有规则的波纹	多次同向刮削，刀迹没有交叉
划　痕	刮削面上划出深浅不一的直线	研点时夹有砂粒
出现假点子	显点情况无规律的改变	①推研点时表面受力不均； ②研具伸出工件太多或研具面积不够； ③研具本身不准确、精度不够； ④研具过重或工件刚性太差

四、研磨中应注意的一些问题

1. 研磨时的注意事项

（1）研磨时用力要均匀，大小适中。

（2）尽量使用磨具的各个部位，使其均匀磨损。

（3）研磨速度不得过大。

（4）研磨时若发现研磨剂变干，则应适时添加适量的研磨液。

2. 研磨缺陷分析

研磨时，产生缺陷的形式、原因及预防措施如表6-3-4所示。

表6-3-4　研磨产生缺陷的原因及其预防措施

缺陷形式	产生原因	防止办法
表面不光洁	①磨料过粗； ②研磨液不当； ③研磨剂涂得太薄	①正确选用磨料； ②正确选用研磨液； ③研磨剂涂布应适当
表面拉毛	研磨剂中混入杂质	做好清洁工作
平面成凸形或孔口扩大	①研磨剂涂得太厚； ②孔口或工件边缘被挤出的研磨剂未擦去就连续研磨； ③研磨棒伸出孔口太长	①研磨剂应涂得适当； ②被挤出的研磨剂应擦去后再研磨； ③研磨棒伸出长度要适当
孔成椭圆形或有锥度	①研磨时没有更换方向； ②研磨时没有调头研	①研磨时应变换方向； ②研磨时应调头研
薄形工件拱曲变形	①工件发热了仍继续研磨； ②装夹不正确引起变形	①不使工件温度超过50℃，发热后应暂停研磨； ②装夹要稳定，不能夹得太紧

任务4 工作总结与评价

学习目标

（1）能自信地展示自己的作品，讲述自己作品的特点。

（2）能虚心听取他人的建议，并加以改进。

（3）能对学习与工作进行反思总结，并能与他人开展良好合作，进行有效的沟通。

（4）能写出自己的基本加工过程。

1.你对自己的工作过程满意吗？写出心得体会。

2.加工V面时为保证V面夹角是90°，应采用什么量具？

3.请分层次概要总结出你在本次任务实施中有哪些收获？

4.制作一个PPT文件汇报展示你们小组的工作过程和收获。请列出你的展示大纲。

5. 评价与分析见表6-4-1。

表6-4-1　评价与分析表

项　目	自我评价	小组评价	教师评价
	1～10	1～10	1～10
	占总评10%	占总评30%	占总评60%
任务1			
任务2			
任务3			
任务4			
纪律			
表述			
态度			
小计			

工作过程：

项目七

凹凸件的锉配

（1）了解配合的基础知识。

（2）了解尺寸链，并能对工艺尺寸链进行简单的计算。

（3）能使用合适的量具对配合间隙进行测量。

（4）了解螺纹加工的基本方法，熟悉螺纹加工工具的使用方法。

（5）能正确按照图纸加工零件。

（5）掌握螺纹加工的操作技能及缺陷。

任务1：接收工作任务，明确工作要求。

任务2：知识点和技能点。

任务3：正确锉配凹凸件。

任务4：工作总结与评价。

任务1 接收工作任务，明确工作要求

学习目标

（1）能按照规定领取工作任务。

（2）能看懂凹凸件的的图样。

一、学习工作任务

（1）到仓库领取62 mm×82 mm×8 mm的板料；

（2）根据现场情况选用合适的工量具和设备；

（3）根据要求进行加工，交付检验；

（4）填写生产任务单，清理工作现场，完成工量具、设备的维护和保养。

二、图样

凸凹件的图样如图7-1-1所示。

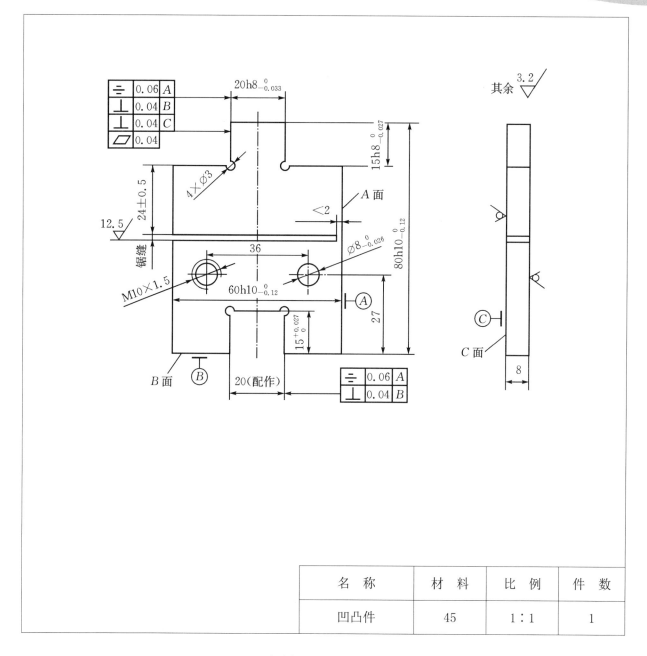

如图7-1-1 凸凹件图样

名　称	材　料	比　例	件　数
凹凸件	45	1：1	1

三、根据图样确定所需工具及量具

因为本工件为精加工，涉及到毛坯加工余量较少，所示主要是以锉削为主，所需的工量具为：锉刀、划针、样冲、千分尺、游标卡尺、钻头、钢直尺、直角尺等。

四、领取生产任务单

按照规定从保管员处领取生产任务单并签字确认。生产任务单如下：

凹凸件锉配生产任务单

单　　号：_____　　　　开单时间：_____年____月____日____时

开单部门：_____　　　　开　单　人：_____

接单人：____部____组　　　　　　签　　名：_____

以下由开单人填写				
序　号	产品名称	材　料	数　量	技术标准、质量要求
1	凹凸件锉配	45		按图纸要求
任务细则	（1）到仓库领取相应的材料； （2）根据现场情况选用合适的工量具和设备； （3）根据加工工艺进行加工，交付检验； （4）填写生产任务单，清理工作现场，完成工量具、设备的维护和保养			
任务类型	钳加工		完成工时	
以下由接单人和确认方填写				
领取材料			保管员（签名）	
领取工量具			年　　月　　日	
完成质量 （小组评价）			班组长（签名） 年　　月　　日	
用户意见 （教师评价）			用户（签名） 年　　月　　日	
改进措施 （反馈改良）				

注：此单与零件图样、工序图（加工工艺过程表）一起领取。

任务2 知识点和技能点

学习目标

（1）了解配合的基础知识。

（2）了解尺寸链，并能对工艺尺寸链进行简单的计算。

（3）能使用合适的量具对配合间隙进行测量。

（4）了解螺纹加工的基本方法，熟悉螺纹加工工具的使用。

一、配合的基础知识

1. 配合

公称尺寸相同的、相互结合的孔和轴公差带之间的关系称为配合。

2. 间隙与过盈

孔的尺寸减去相配合的轴的尺寸为正时称为间隙，一般用X表示，其数值前加"+"号；孔的尺寸减去相配合的轴的尺寸为负时称为过盈，一般用Y表示，其数值前加"−"号。

3. 配合的类型

根据形成间隙或过盈的情况，配合分为三类，即间隙配合、过渡配合和过盈配合。

（1）间隙配合：具有间隙的配合，孔的公差带在轴的公差带的上方。

（2）过盈配合：具有过盈的配合，孔的公差带在轴的公差带的下方。

（3）过渡配合：可能具有间隙或过盈的配合，孔的公差带和轴的公差带相互交叠。

二、尺寸链的基本知识

1. 尺寸链的概念

相互联系的尺寸，按一定的顺序排列成一个封闭尺寸组，就称为尺寸链。

2. 尺寸链的分类

尺寸链分为工艺尺寸链和装配尺寸链两种，如图7-2-1所示

加工时的尺寸链称为工艺尺寸链，如图7-2-1（a)所示；装配时的尺寸链称为装配尺寸链，如图7-2-1（b）所示。

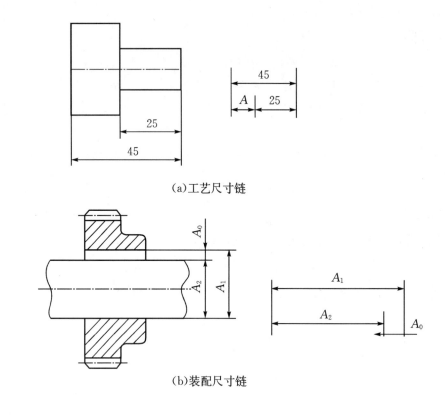

（a）工艺尺寸链

（b）装配尺寸链

图7-2-1　尺寸链

3.尺寸链的环

下面我们以装配尺寸链为例来讲解有关尺寸链的知识。

（1）封闭环。一个尺寸链，只有一个封闭环；装配尺寸链中的封闭环就是装配的技术要求。

（2）组成环。尺寸链中除了封闭环以外的环称为组成环。

（3）增环。在其他条件不变的条件下，当某个组成环增大时，封闭环随之增大，那么这个组成环就称为增环。

（4）减环。在其他条件不变的条件下，当某个组成环增大时，封闭环随之减小，那么这个组成环就称为减环。

4.封闭环极限尺寸及公差

（1）封闭环的基本尺寸。封闭环的基本尺寸＝所有增环基本尺寸之和－所有减环基本尺寸之和。

（2）封闭环的最大极限尺寸。封闭环的最大极限尺寸＝所有增环最大极限尺寸之和－所有减环最小极限尺寸之和。

（3）封闭环的最小极限尺寸。封闭环的最小极限尺寸＝所有增环最小极限尺寸之和－所有减环最大极限尺寸之和。

（4）封闭环公差。封闭环的公差＝所有组成环的公差之和 ＝封闭环最大极限尺寸－封闭环最小极限尺寸。

三、间隙检验

塞尺(如图7-2-2（a)所示)由许多层厚薄不一的薄钢片组成。按照塞尺的组别制成一把一把的塞尺，每把塞尺中的每片具有两个平行的测量平面，且都有厚度标记，以供组合使用。 塞尺可以用来检验装配零件的间隙，也可以用来检验位置公差（如图7-2-2（b）所示）。

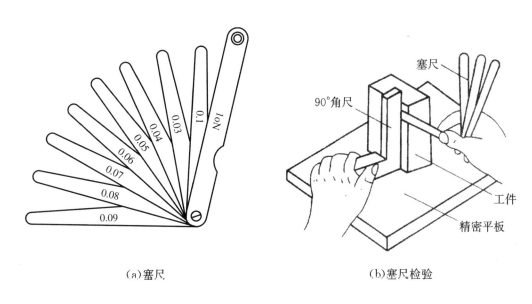

(a)塞尺　　　　　　　　(b)塞尺检验

图7-2-2　塞尺及其检验

四、螺纹加工

螺纹加工是金属切削中的重要内容之一。螺纹的加工方法多种多样，比较精密的螺纹一般都在机床上加工，而钳工常用的加工方法是攻螺纹和套螺纹。

1.攻螺纹

用丝锥在工件孔中切削出内螺纹的加工方法称为攻螺纹（俗称攻丝），如图7-2-3所示。

图7-2-3　攻螺纹

1）攻螺纹工具

攻螺纹的工具称为丝锥，分为手用丝锥和机用丝锥两种，如图7-2-4所示。

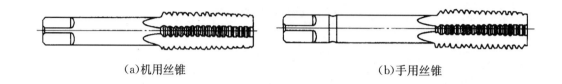

(a)机用丝锥　　　　　　　　　　　　(b)手用丝锥

图7-2-4　丝锥

丝椎的构造如图7-2-5所示。

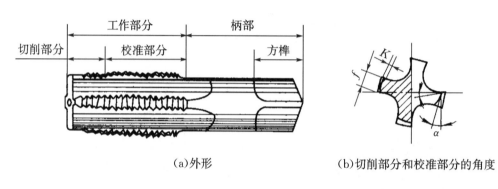

(a)外形　　　　　　　　(b)切削部分和校准部分的角度

图7-2-5　丝椎的构造

丝锥由工作部分和柄部组成。工作部分包括切削部分和校准部分。切削部分磨出锥角，起切削作用。校准部分具有完整的齿形，用来修光和校准已切出的螺纹，并引导丝锥沿轴向前进。柄部有方榫，是攻螺纹时被夹持的部分，起传递扭矩的作用。

手用丝锥为了减少攻螺纹时的切削力和提高丝锥的使用寿命，将攻螺纹时的整个切削量分配给几支丝锥来担负，故M6～M24的丝锥一套有2支，M6以下及M24以上的丝锥一套有3支。因为丝锥越小越容易折断，所以备有3支；大的丝锥切削负荷很大，需分几支逐步切削，所以也备有3支一套。细牙丝锥不论大小均为2支一套。

在成套丝锥中，切削量的分配有两种形式，即锥形分配和柱形分配，如图7-2-6所示。

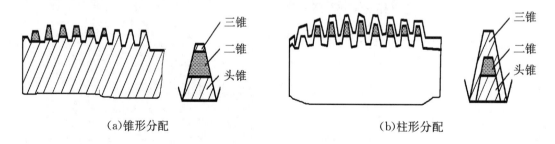

(a)锥形分配　　　　　　　　　　　　(b)柱形分配

图7-2-6　成套丝锥

锥形分配如图7-2-6（a）所示，每套中丝锥的大径、中径、小径都相等，只是切削部分的长度及锥角不同。头锥的切削部分长度为5～7个螺距，二锥切削部分长度为2.5～4个螺距，三锥切削部分长度为1.5～2个螺距。

柱形分配如图7-2-6（b）所示，头锥和二维的大径、中径、小径都比三锥的小。头锥和二锥的中径一样，大径不一样，头锥的大径小，二锥的大径大。柱形分配的丝锥，其切削量分配比较合理，使每支丝锥磨损均匀，使用寿命长，攻丝时较省力。同时因末锥的两侧刃也参加切割，所以螺纹表面粗糙度较细。但在攻丝时丝锥顺序不能搞错。

大于或等于M12的手用丝锥采用柱形分配，小于M12的手用丝锥采用锥形分配，所以攻M12或M12以上的通孔螺纹时，最后一定要用末锥攻过才能得到正确的螺纹直径。

2）绞杠

绞杠是用来夹持丝锥柄部方榫，带动丝锥旋转切削的工具。绞杠有普通绞杠和丁字绞杠两类，各类绞杠又分为固定式和活络式两种，如图7-2-7所示。

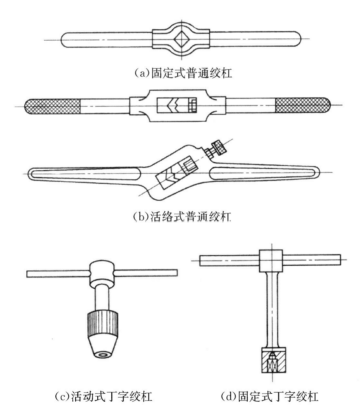

（a)固定式普通绞杠

（b)活络式普通绞杠

（c)活动式丁字绞杠   (d)固定式丁字绞杠

图7-2-7　绞杠

3）保险夹头

在钻床上攻螺纹时，通常用保险夹头（见图7-2-8）来夹持丝锥，以免当丝锥的负荷过大或攻制不通螺孔到达孔底时，产生丝锥折断或损坏工件等现象。

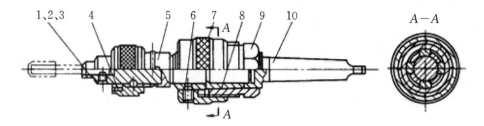

1、2、3—可换夹头；4—滑套；5—轴；6—螺丁；7—螺母；8—摩擦块；9—螺套；10—本体

图7-2-8　锥体摩擦式保险夹头

2. 攻螺纹前螺纹底孔直径与孔深的确定

1）攻螺纹前螺纹底孔直径的确定

螺纹底孔直径的大小，应根据工件材料的塑性和钻孔时的扩张量来考虑，使攻螺纹时既有足够的空隙来容纳被挤出的材料，又能保证加工出来的螺纹具有完整的牙形。

其计算公式如表7-2-1所示。

表7-2-1　钻头直径计算公式

被加工材料和扩张量	钻头直径计算公式
钢和其他塑性大的材料，扩张量中等	$D_0 = D - P$
铸铁和其他塑性小的材料，扩张量较小	$D_0 = D - (1.05 \sim 1.1)P$

表中，D_0为钻头的直径（mm）；D为螺纹的大径（mm）；P为螺距（mm）。

2）攻螺纹前螺纹底孔深度的确定

攻不通孔螺纹时，由于丝锥切削部分有锥角，端部不能攻出完整的牙型，所以钻孔深度要大于螺纹的有效长度。钻孔深度的计算公式如下：

$$H_d = h_a + 0.7D$$

式中，H_d为底孔的深度（mm）；h_a为螺纹的有效长度（mm）；D为螺纹的大径（mm）。

【例7-2-1】分别计算在钢件和铸件上攻M10螺纹的底孔直径各为多少。若攻不通孔螺纹，其螺纹的有效深度为60 mm，求底孔深度。若钻孔时，n=400r/min，f=0.5 mm/r，求钻一个孔的最少机动时间。（顶角2φ=120°，只计算钢件）

解　查表知，对于M10的螺纹，螺距P=1.5 mm。

根据表7-2-1中公式，钢件攻螺纹底孔直径为

$$D_0 = D - P = 10 - 1.5 = 8.5 \text{ mm}$$

铸件攻螺纹底孔直径为

$$D_0 = D - (1.05 \sim 1.1)P = 8.425 \sim 8.35 \text{ mm}$$

取$D_0 = 8.4$ mm（按钻头直径标准系列取一位小数）。

底孔深度为

$$H_d = h_a + 0.7D = 60 + 0.7 \times 10 = 76 \text{ mm}$$

钻孔的机动时间为

$$t = H/nf$$

其中，

$$H = H_d + h_0 \quad (h_0 为钻尖高度)$$
$$h_0 = 2.45 \text{ mm}$$

得$t = 0.34$ min。

3. 套螺纹

用板牙在圆棒上切出外螺纹的加工方法称为套螺纹（俗称套扣），如图7-2-9所示。

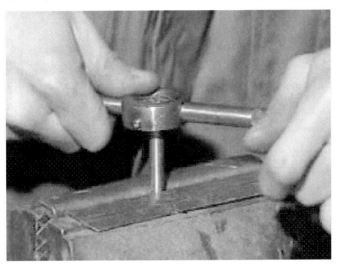

图7-2-9 套螺纹

1）套螺纹工具

（1）圆板牙。圆板牙外形像一个圆螺母，只是在它上面钻有几个排屑孔并形成刀刃。板牙两端面都有切削部分，待一端磨损后，可换另一端使用。它有开槽式和封闭式两种结构，如图7-2-10所示。

开槽式   封闭式

图7-10 圆板牙

（2）板牙架。板牙架（铰杠）是手工套螺纹时的辅助工具，如图7-2-11所示。

图7-2-11　板牙架

板牙架的外圆旋有四只紧定螺钉和一只调松螺钉，使用时，紧定螺钉将板牙紧固在绞杠中，并传递套螺纹时的扭矩。

2）套螺纹前圆杆直径的确定

套螺纹时，金属材料因受板牙的挤压而产生变形，牙顶将被挤得高一些，所以套螺纹前圆杆直径应稍小于螺纹大径。圆杆直径的计算公式如下：

$$d_0 \approx d - 0.13\,P$$

式中，d_0为套螺纹前圆杆直径（mm）；d为螺纹大径（mm）；p为螺距（mm）。

套螺纹的圆杆直径也可以查表。

任务3　正确锉配凹凸件

学习目标

（1）能正确按照图纸加工零件。

（2）掌握螺纹加工的技能，了解螺纹加工的缺陷。

一、凹凸件的加工工艺过程

凹凸件的加工工艺过程如表7-3-1所示。

表7-3-1 凹凸件的加工工艺过程

序 号	工序内容	工序简图
1	钻工艺孔	
2	选择一个角，按照划好的线锯去一个角。粗、精锉两垂直面。根据80 mm处的实际尺寸通过控制65 mm的尺寸偏差，保证尺寸$15_{-0.027}^{0}$mm。同样通过控制40 mm的尺寸偏差，保证20 mm的尺寸公差和凸台的对称度	
3	按照划线锯去另一个角。用上述方法保证尺寸公差和对称公差	

续表

序　号	工序内容	工序简图
4	钻排孔	
5	去除凹形体多余部分	锯削面
6	粗精锉凹形体各面，达到与凹形体配合的精度要求	20（配作）　‖ 0.06 A　⊥ 0.04 B 锉削面 15（配作） 60 −0.12 0

续表

序 号	工序内容	工序简图
7	锯削，达到24＋0.5 mm，留有小于2 mm的余量不锯	锯缝　24±0.5
8	复检所有尺寸	

注：工序1～3为凸形体加工，工序4～7为凹形体加工。

二、掌握螺纹加工的技能，了解螺纹加工的缺陷

1. 攻螺纹的操作要点

（1）攻螺纹前先划线，打底孔，并在螺纹底孔口倒角。通孔螺纹两端孔口都要倒角，倒角直径可大于螺纹大径，这样可使丝锥容易切入，并防止攻螺纹后孔口的螺纹崩裂。

（2）攻螺纹前，工件的装夹位置要正确，应尽量使螺孔中心线置于水平或垂直位置，其目的是攻螺纹时便于判断丝锥是否垂直于工件平面。

（3）开始攻螺纹时，应把丝锥放正，用右手掌按住铰杠中部沿丝锥中心线用力加压，此时左手配合作顺向旋进；或两手握住铰杠两端平衡施加压力，并将丝锥顺向旋进，保持丝锥中心与孔中心线重合，不能歪斜。当切削部分切入工件1～2圈时，用目测或角尺检查和校正丝锥的位置。当切削部分全部切入工件时，应停止对丝锥施加压力，只须平稳地转动绞杠靠丝锥上的螺纹自然旋进。

（4）为了避免切屑过长咬住丝锥，攻螺纹时应经常将丝锥反方向转动1／2圈左右，使切屑碎断后容易排出。

（5）攻不通孔螺纹时，要经常退出丝锥，排除孔中的切屑。当将要攻到孔底时，更应及时排出孔底积屑，以免攻到孔底丝锥被轧住。

（6）攻通孔螺纹时，丝锥校准部分不应全部攻出头，否则会扩大或损坏孔口最后几

牙螺纹。

（7）丝锥退出时，应先用铰杠带动螺纹平稳地反向转动，当能用手直接旋动丝锥时，应停止使用铰杠，以防铰杠带动丝锥退出时产生摇摆和振动，破坏螺纹粗糙度。

（8）在攻螺纹过程中，换用另一支丝锥时，应先用手握住旋入已攻出的螺孔中。直到用手旋不动时，再用铰杠进行攻螺纹。

（9）在攻材料硬度较高的螺孔时，应头锥、二锥交替攻削，这样可减轻头锥切削部分的负荷，防止丝锥折断。

（10）攻塑性材料的螺孔时，要加切削液。一般用机油或浓度较大的乳化液，要求高的螺孔也可用菜油或二硫化钼等。

2. 套螺纹的操作要点

（1）为使板牙容易对准工件和切入工件，圆杆端部要倒成圆锥斜角为15°～20°的锥体。锥体的最小直径可以略小于螺纹小径，使切出的螺纹端部避免出现锋口和卷边而影响螺母的拧入，如图7-3-1所示。

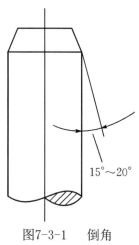

15°～20°

图7-3-1　倒角

（2）为了防止圆杆夹持出现偏斜和夹出痕迹，圆杆应装夹在用硬木制成的V形钳口或软金属制成的衬垫中。在加衬垫时，圆杆套螺纹部分离钳口要尽量近。

（3）套螺纹时应保持板牙端面与圆杆轴线垂直，否则套出的螺纹两面会有深浅，甚至烂牙。

（4）在开始套螺纹时，可用手掌按住板牙中心，适当施加压力并转动绞杠。当板牙切入圆杆1～2圈时，应目测检查和校正板牙的位置。当板牙切入圆杆3～4圈时，应停止施加压力，而仅平稳地转动绞杠，靠板牙螺纹自然旋进套螺纹。

（5）为了避免切屑过长，套螺纹过程中板牙应经常倒转。

（6）在钢件上套螺纹时要加切削液，以延长板牙的使用寿命，减小螺纹的表面粗糙度。

3. 废品分析和工具损坏的原因

（1）攻螺纹时废品分析如表7-3-2所示。

表7-3-2　攻螺纹时废品分析

废品分析	产品的原因
烂牙	（1）螺纹底孔直径太小，丝锥不易切入，孔口烂牙； （2）换用二锥、三锥时，与已切出的螺纹没有旋合好就强行攻削； （3）头锥攻螺纹不正，用二锥、三锥时强行纠正； （4）对塑性材料未加切削液或丝锥不经常倒转，而把已切出的螺纹啃伤； （5）丝锥磨钝或刀刃有粘屑； （6）丝锥铰杠掌握不稳，攻铝合金等强度较低的材料时，容易被切烂
滑牙	（1）攻不通孔螺纹时，丝锥已到底仍继续扳转； （2）在强度较低的材料上攻较小螺孔时，丝锥已切出螺纹仍继续加压力，或攻完退出时连铰杠转出
螺孔攻歪	（1）丝锥位置不正； （2）机攻螺纹时丝锥与螺孔不同心
螺纹牙深不够	（1）攻螺纹前底孔直径太大； （2）丝锥磨损
螺纹中径大 （齿形瘦）	（1）在强度低的材料上攻螺纹时，丝锥切削部分全部切入螺孔后，仍对丝锥施加压力； （2）机攻时，丝锥晃动，或切削刃磨得不对称

（2）套螺纹时废品分析，如表7-3-3所示。

表7-3-3　套螺纹时废品分析

废品分析	产品的原因
烂牙	（1）圆杆直径太大； （2）板牙磨钝； （3）套螺纹时，板牙没有经常倒转； （4）铰杠掌握不稳，套螺纹时，板牙左右摇摆； （5）板牙歪斜太多，套螺纹时强行修正； （6）板牙刀刃上具有切屑瘤； （7）用带调整槽的板牙套螺纹，第二次套螺纹时板牙没有与已切出螺纹旋合，就强行套螺纹； （8）未采用合适的切削液切烂
螺纹歪斜	（1）板牙端面与圆杆不垂直； （2）用力不均匀，铰杠歪斜
螺纹中径小 （齿形瘦）	（1）板牙已切入仍施加压力； （2）由于板牙端面与圆杆不垂直而多次纠正，使部分螺纹切去过多
螺纹牙深不够	（1）圆杆直径太小； （2）用带调整槽的板牙套螺纹时，直径调节太大

（3）丝锥和板牙损坏原因，如表7-3-4所示。

表7-3-4　丝锥和板牙损坏原因

损坏形式	损坏原因
崩牙或扭断	（1）工件材料硬度太高或硬度不均匀； （2）丝锥或板牙切削部分刀齿前、后角太大； （3）螺纹底孔直径太小或圆杆直径太大； （4）丝锥或板牙位置不正； （5）用力过猛，铰杠掌握不稳； （6）丝锥或板牙没有经常倒转，致使切屑将容屑槽堵塞； （7）刀齿磨钝，并粘附有积屑瘤； （8）未采用合适的切削液； （9）攻不通孔时，丝锥碰到孔底时仍在继续扳转； （10）套台阶旁的螺纹时，板牙碰到阶台仍在继续扳转

任务4　工作总结与评价

学习目标

（1）能自信地展示自己的作品，讲述自己作品的特点。

（2）能虚心听取他人的建议，并加以改进。

（3）能对学习与工作进行反思总结，并能与他人开展良好合作，进行有效的沟通。

（4）能写出自己的基本加工过程。

1. 试述尺寸链的作用。

2. 使用丝锥攻螺纹时，要注意哪些动作要领？

3. 用丝锥攻螺纹时绞杠旋转一周后为什么要反转？

4.凹凸件锉配过程中，你遇到了哪些问题？你是如何解决的？

5.请回顾和总结你在钳加工技术方面学到了哪些知识与技能。

6.评价与分析见表7-4-1。

表7-4-1　评价与分析表

项　目	自我评价	小组评价	教师评价
	1～10	1～10	1～10
	占总评10%	占总评30%	占总评60%
任务1			
任务2			
任务3			
任务4			
纪律			
表述			
态度			
小计			
工作过程：			

参考文献

[1]易幸育. 机修钳工工艺学.2版. 北京：中国劳动社会保障出版社，2005.

[2]姜波. 钳工工艺学.4版. 北京：中国劳动社会保障出版社，2005.

[3]王增杰. 零件的钳加工. 北京：中国劳动社会保障出版社，2012.

[4]谢增明. 钳工技能训练.4版. 北京：中国劳动社会保障出版社，2005.

[5]温上樵，杨冰. 钳工基本技能项目教程. 北京：机械工业出版社，2008.

[6]宋文革. 极限配合与技术测量基础.4版. 北京：中国劳动社会保障出版社，2011.

[7]曹洪利. 高级模具钳工工艺与技能训练.6版. 北京：中国劳动社会保障出版社，2006.